# 新しい小農
## ～その歩み・営み・強み～

萬田正治 山下惣一 監修
小農学会 編著

創森社

# なぜ小農の時代なのか～序に代えて～

戦後74年になろうとしているが、日本の農業と農村に吹いた風は一貫して強い向かい風であった。このままでは中山間地の農村社会が消滅し、平野部に一部の施設型の大規模農業と企業農業経営が残るのみである。

しかし、それは世界の富裕層をねらった輸出型農業であり、中山間地農村は衰退し、わが国の食料自給率（カロリーベース）はさらに過去最低水準の38％（２０１８年）までに低下し、超食料輸入大国となるのは明らかである。

私は産業が発展すれば国民みんなの暮らしも豊かになると信じ、大学の一研究者として、農業の研究に一心不乱に取り組んできた。しかし農村から若者は流出するばかりで、後継者は育たず、農家の暮らしは農業では豊かにならなかった。

＊

私自身、40代後半の頃から、水田で稲と合鴨を同時に育てる合鴨農法の研究に没頭した。この普及のため全国合鴨フォーラムも組織した。合鴨フォーラムでは夫婦連れや小さな農家が多く、会場ではいつも笑い声が絶えず、明るく農を楽しむ全国の合鴨農家と学習交流を深めていくなかで、じつは農業には二つの側面があることに私は気づき始めた。

それは、(1)産業としての農業（産業農業）と(2)暮らしとしての農（生活農業）があるということだ。戦後の農業政策は産業としての農業、すなわち産業農業の発展のみを一面的にとらえて専業農家育成を掲げて推進してきた。

しかしながら、今現在でも農家の多くは兼業農家（２０１８年農林業センサスでは約67％）なのだ。農家の多くは家族を養うため、小さな農地を守って他産業で働くかたちで生き延びている。戦後の農政への抵抗と知恵の証しが小さな家族農家と兼業農家の存在である。いわゆる小農の人たちであり、このような小農が農村社会を形づくり守ってきているのである。

＊

さて、高度経済成長を遂げた現代の日本において、小農とはなにか、改めて新しい位置づけと定義が必要と考えている。

それは小農をこれまでの既存の小農（兼業農家を含む）のみに限定せず、農的暮らし、田舎暮らし、菜園家族、半農半X、定年帰農、市民・体験農園（逆兼業農家ともいえる）などで取り組む都市生活者も含めた階層をも新しい小農と定義づけたい。そしてこのように新しく農を担ったり、農的かかわりを求めたり深めたりする人たちも加わって農村が再生していくのである。

戦後、わが国は産業を第一次、第二次、第三次産業の三つに分化して発展し、大部分の人が第二次と第三次産業に従事するようになった。しかしこれからの社会は第二次、第三次産業に従事する人々も、小農としてなんらかのかたちで、命の源であり、人の生きる礎《いしずえ》である第一次産業にかかわる時代を迎えるのではないか。つまり山下惣一氏もいう市民皆農、国民皆農である。これが私の考える次の新しい社会であり、また中山間地農村の再生の道筋でもある。

15年半前の２００４年、私は大学を早期退職し、日本農業と農村の再生をめざして、鹿児島県の中山間地農村に移り住んだ。今、地域の人々とともに、日々実践の毎日である。小農を軸に読者のみなさんとともに、農村の再生への道筋を探っていきたいと考えている。

４年前の２０１５年秋、福岡で私たちは小農学会を立ち上げた。共同代表の萬田正治・山下惣一、共同副代表の徳野貞雄・八尋幸隆の下に10名の世話人などで構成し活動を開始した。本会に結集する会員はすでに２５０名を超えている。

＊

昨年の２０１８年12月には、国連（国際連合）総会で「小農権利宣言」が採択され、小農の持つ食料危機と環境保全にたいする役割が国際的に認知された。本書はこのような小規模・家族農業を見直す流れのなかで、10名の執筆者によってまとめられたものである。

「農業の成長産業化」、「攻めの農業」などのフレーズによるコスト競争と市場原理優先の動きに戸惑うことなく、今こそ世界の小農重視の潮流を真摯《しんし》にとらえていく必要がある。もちろん、ただ単に市場のグローバル化に異を唱えるだけでなく、これまで軽視されがちだった小農の価値、役割を足もとから再評価し、小農の時代の必然性、可能性を発信していかなければならない。

読者のみなさんには、本書の副題に示したとおり改めて小農の歩み、営み、強みの一端を知っていただき、手をこまねいたままでは疲弊するばかりの農業・農村の再生、持続可能な食料生産、さらに環境保全への道筋を探るうえでの手がかりをつかんでいただければ幸いである。

小農学会 共同代表　萬田 正治

新しい小農〜その歩み・営み・強み〜◎もくじ

• M E M O •

◆本書は国連が2017年12月「家族農業の10年　2019—2028」を採択、さらに2018年12月「小農と農村で働く人びとの権利に関する国連宣言」（本文では小農宣言、もしくは小農権利宣言と略）を採択したことに連動して企画したものです。

◆「家族農業の10年」に関連して国連の取り組みを推し進めたり、サポートしたりする組織として2017年に小規模・家族農業ネットワーク・ジャパン（SFFNJ）、2019年に家族農林漁業プラットホーム・ジャパン（FFPJ）が設立されています。

◆カタカナ専門語、英字略語、難解語については主に初出の（）内などで語意を解説しています。

◆「小農と農村で働く人びとの権利に関する国連宣言（小農宣言）」翻訳文、および「小農学会設立趣意書」などの引用文はほぼ原文のままです。

◆文中に登場する方々の所属、役職は執筆当時のもので、執筆者によっては一部の方々の敬称を略しています。

小農学会の総会・シンポジウム（福岡大学経済学部にて）

# 第1章

# どこの国でも
# 小農は立国、救国の礎

農業・作家
山下 惣一

家族農業を支える女性（カンボジア）

## 小規模・家族農業が必要とされる理由

### 「国連家族農業年」の報告書から

国連（国際連合）は2014年を「国際家族農業年」と定めた。理由は「家族農業や小規模農業が、持続可能な食料生産の基盤として世界の安全保障確保と貧困撲滅に大きな役割を果たすことを広く世界に周知するため」（2011年の国連総会における採択理由）という。

その報告書の日本語版『家族農業が世界の未来を拓く』（農文協、2014年2月刊）を読んで私は大いに励まされた。私がこれまで主張してきたことがけっして的外れではなく世界共通の問題であることが確認できたからである。まるで私の代弁をしてくれているかのような報告書を、私は丹念に熱心に読んだ。

その内容を以下の五つにまとめてみた。

まずは、「家族農業」の定義である。これは「小規模農業」とほぼ同義で、報告書では「小規模農業とは、家族（単一または複数の世帯）によって営まれており、家族の労働力のみ、または家族労働力をおもに用いて、所得（現物または現金）の割合は変化するものの、大部分をその労働から稼ぎ出している農業のことである」としている。

このような存在を日本では昔から「百姓」といい、それは差別に類する言葉だとする現代の風潮と価値観に反発して、私たちは今でもあえて「百姓」と名乗っているのだ。私たち百姓が日々やっているのはけっして産業などではなく、まさに「生業《なりわい》」なのである。

さて、報告書の中身である。

**①世界の農業の9割は家族農業である。**

**②世界の飢餓の解消にはこれへの支援しかない。**

**③小規模農業は工業的大規模農業に較べて土地生産性が高い。**

④各国、各民族の芸能文化の継承者であり民族のふるさとである。

⑤農業の専門特化はリスクを高める。

若干の補足をしながら各項目をもう少し詳しく見ていこう。

## 世界の農業の90％が家族農業

①の世界の農業の９割が家族農業ということについて触れるが、国連加盟国は現在１９３か国になっており、報告書発刊までに「農林業センサス」がおこなわれた国は１１４か国で、そのなかの比較可能な81か国のデータでこの報告書は作成されている。世界の人口の３分の２と耕地の38％をカバーしているので、これが世界の農業の姿だと考えてほぼ間違いないということのようだ。

さて、世界の農地の総面積は約15億ha、農家戸数は約５億７０００万世帯でその90％が家族農業だ。その割合は日本98・７％、ＥＵ96・２％、アメリカ98・７％。１戸当たりの平均面積は１ha以下73％、２ha以下では85％、５ha未満では95％にもなる（２０１３～15年）。

これが世界の農業の実態なのである。日本の農業は零細で、国際競争力がなく「ダメだ、ダメだ」と昔からいわれてきた。私たち農家もそう思い込まされて、まるで国家の寄生虫ででもあるかのような肩身の狭い思いで生きてきた。

しかし、けっしてそうではないのだ。日本の農業は世界のスタンダードであってけっして零細ではない。より広いところとばかり比較するから零細なのだ。ゆえに日本の百姓がどう生きていくかは世界の農民に大きな示唆と指針を与えることになる。私はそう主張し、今もそう信じている。

つまり、どこの国も地域も、小規模家族農業こそが立国、救国の礎なのである。構造改革などと称してこれを壊すのではなく大切に守り支援しろというのが国連の「国際家族農業年」の主旨である。報告書は「小規模家族農業が舞台の中央に立つ」政策と投資を各国に求めている。

## 解消しない飢餓と飽食

②の飢餓解消についてだが、日本人にもっとも縁遠いのが「飢餓」であろう。つまり、食べ物が満足になくて飢えに苦しんでいる人たちのことである。なにしろ日本は世界一の食料輸入国で食べ物があふれる飽食の時代が続いているのだ。しかも、輸入量は1960(昭和35)年からおよそ半世紀で約10倍に増えている。その裏側には国内農業の衰退と食料自給率の低下がある。

ついに2018年には金額ベースでも国産と輸入が9兆7242億円対9兆6688億円とほぼ同額になり、カロリベースの食料自給率は38%、国民の62%が輸入食品で生きている勘定になった。

その一方で食品ロスは多く、日本の食品廃棄(可食部)は年間6003万tでこれは、国連の「世界食糧計画」(WFP)が飢餓地域に食料支援している量の2倍になるという。

世界の実態に照らしてみれば日本人の存在そのものが犯罪になりかねない状況だ。政府はついに「食品ロス削減推進法」(2019年6月)を制定するに至った。

これには長い間の民間の陳情と働きかけがあったというが、法の制定はゴールではなくスタートである。年に1日ぐらい「断食の日」をつくってもいいのではないか。日本人に今もっとも必要な教育なのかもしれない。

一方、世界では8億人以上の人たちが飢えに苦しんでおり、なんとその80%が農村に居住して農業に依存した生活をしている。つまり農民というのである。同じ農民としてこれには驚いた。彼らへの直接的な援助や支援なしには世界の飢餓の解消は不可能だと報告書は主張しているわけである。

かつては、どこかの国で食料が増産できれば世界の飢餓はなくなると考えられた時期があった。しかし、そうでないことは、それから半世紀経っても一向に解消しない事実が証明している。計算上は世界じゅうの穀物生産量は地球上の人口の76億人で割る

ひどい干ばつで作物の不作が続いたエチオピア（©FAO ／ Giulio Napolitano ／ FAO）

と年間に日本人の消費量年間１５４kgの２倍の１人３４０kgになる。

それなのになぜ飢餓はなくならないのか。

理由は簡単である。食料の貿易も余っているところから不足しているところへではなく、価格の安いところから高いところへしか移動しないからである。だから食料が不足しているところではなく、食料自給率がカロリーベース（国内で供給された食料の総カロリーのうち、純粋に国内で生産・供給されたカロリーの比率）37％（２０１８年度、過去最低に落ち込む）で飽食の日本に押し寄せて少なからぬ量が捨てられているのだ。

農水省の「２００９年度、食品廃棄物の実態」によれば、食品仕向量を年間８４４６万t輸入して、約20％の１８００万tを廃棄して、その処理、焼却費用に年間11兆円を使っているという。国連は「持続的開発目標（ＳＤＧｓ）」で２０３０年までに、飢餓を終わらせるという目標を掲げている。

## ポイントは持続性とエネルギー収支

### 自給主体だから輸送ロスや廃棄はない

③の土地生産性についてだが、小規模農業、家族農業が工業型の大規模農業とくらべて土地生産性が高いのは当然である。手間暇かけての労働集約型の農業になるから環境にもやさしい。統計によれば世界の小規模、家族農業は農業資源である土地、水、化石燃料の25％の利用で世界の食料の70％を生産しているという。

一方、先進国の工業的大規模農業は農地の70～80％、水資源、化石燃料の70％を使用して世界の食料の30％しか産出していない。しかも輸送中のロスや廃棄の相当量が避けられない。

つまり、小規模、家族農業はそれこそ世界の農業の90％を占め、まず自分と家族を養う。

つまり「自産自消」の自給が主体だから輸送ロスや廃棄はない。途上国では人力による作業の割合が高く、人件費が安い。そのことがこのデータを裏づけているわけだ。かつては、それを遅れた農業だと見なし、機械化、化学化が進歩と考えられてきたが、今、その価値観に転換が起きている。ポイントは持続性とエネルギー収支だと私は思う。

もう20年も以前のことになる。何回目かの南米農業視察の旅でアンデス山脈に登ったことがあった。標高4000m近い高地で現地の人たちがジャガイモの収穫をしていた。もちろん鍬で掘っているわけだがジャガイモが小さいのである。それを丹念に拾い集めている。私は遅れていると思い「品種改良してもっと多収穫のジャガイモをつくるべきだ」と通訳を介して助言したのである。

「いや、これが一番いいのだ」という返事であった。通訳によると伝統の品種で味がよく、肥料がいらず病気に強く連作ができる。これ以上のジャガイモはないというのである。

本当にそのときは知らなかったのだが、ジャガイモの原産地はこのアンデス山脈で、私たちは原産地の中心地にいたのだった。チチカカ湖へ行く途中だったのである。恥ずかしくてしばらくは発言を控えて自省していた。

ほとんどの人が気がつかず関心もなく、問題にもならないが、私たちがやっている現代農業にはいろいろと問題があり、なかでも最大の問題はエネルギー収支が赤字だということである。それがもう半世紀以上も続いている。

つまり、農産物を収穫してそこから得られるエネルギーよりも、農機具、肥料農薬、資材などで投入するエネルギーのほうが多いのである。これではいつか行き詰まる。持続可能ではない。

## 大農主義路線とダーチャの教訓

私は若い頃、フランスのベルサイユにある国立農業試験場で対外広報官とその問題で議論したことがある。フランスは大農主義路線をとり、EUのなかでは1農家当たりの平均農地面積が58haと最大で、そのぶんエネルギー収支の赤字も大きいのである。そのとき、広報官にいわれた言葉を私は今も忘れていない。

「フランスは大農主義路線を取り、その結果、農産物の過剰生産と価格の下落、農家の倒産と社会不安で大騒ぎしている」

広報官はここでひと息入れ、「日本は経済大国になっても小規模な農家をたくさん残している。これはとても賢い選択だ。長い目で見ればこのほうが社会コストは安くつく」

ロシアの「ダーチャ」を私は2回視察に行き、ハバロフスクのダーチャでは2泊させてもらった。ダーチャとは別荘という意味で、市民が郊外に標準サイズで600㎡（約200坪）の土地を借り（ロシアは土地は全人民所有）、そこに簡単な家を建て、自給菜園で食料を確保するというシステムで1991年のソ連邦崩壊の大混乱のなかで一人の餓死者も出なかったのはこのダーチャのおかげだとい

ロシアではジャガイモの90%までを郊外にあるダーチャ（自給菜園）で賄う（ハバロフスクにて）

われている。

資料によればロシア国民の７割がダーチャを所有し、ジャガイモの90%、野菜の80%を産出しており、関係者は「自給菜園で人類が養えることを証明した」と意気盛んであった。

自家用だから無農薬栽培である。なによりもやっている人たちが楽しそうだった。緯度は北緯45度から60度以上で農作物が育つ期間がわずか１２０日しかないロシアで人々は毎日食べて生きているのである。古い諺《ことわざ》に「イモ（ジャガイモ）植えりゃ国破れてもわが身あり」というのがあるそうだ。

## 淘汰、排除していく農業近代化路線を否定

### 盆・正月の帰省ラッシュの意味

④の農村が各国、各民族のふるさとについてだが、それは当然のことである。農村に生まれ育った人た

ちが集まって都市をつくったのであって、けっしてその逆ではない。そしてそこが民族の伝統文化の継承地であることもまた自然の成り行きである。

私が不思議なのは戦後70年を過ぎても盆、正月の帰省ラッシュが続いていることだ。テレビでは毎年、駅でふるさとの父母や祖父母に迎えられる帰省客の様子を映し出す。まるで百年一日のごとくにである。

私たちが育った戦後、農村は人でごった返していた。外地から引き揚げてきた人たち、都会から疎開してきた家族、兵隊帰りの若者たち、村で生まれ育った男女。

都市部での経済復興とともに村から人々が出ていった。中学校の集団就職の特別列車が走り、私も弟を送りに行った。彼、彼女らは「金の卵」と呼ばれていた。

昭和30年代から40年代にかけては都会へ都会へと、それこそ草木もなびく時代で、田舎から都会へ出ていった人たちが盆、正月に里帰りする頃が里帰りラッシュの時代だった。私は男五人女一人の六人兄弟の長男で、四男が近くの農家に養子に行った以外はみんな都会へ出ていたから、帰省ラッシュでは、毎年迎え入れる役目だった。

もし、生まれて幼少期を過ごしたところがふるさとになるのなら、都会も都会の団地もふるさとになるはずだった。私は、ずっとそう考えていた。

あるとき、雑誌の企画で東京の郊外の巨大団地を取材することになった。テーマは「団地はふるさとになりえるか」だ。答えは「ノー」だった。そこは終《つい》の住みかではなく、ツバメの巣みたいなもので、人が通過していくだけの容器に過ぎなかった。

つまり、ふるさととは生きかわり死にかわりして未来永劫にそこに人が住み続けるところでなくてはならない。全国の農山漁村はそれを担っており、そこを守る人たちがいる。私もその一人である。自分の意志とは関係なく、農家の長男に生まれた因果で、家を出ることも移ることも許されず、生まれた場所で百姓家の六代目としての人生を終えようとしている。私にはふるさとはない。帰るべき実家すらない。

そのふるさとの家々は、ひっそりとジジ、ババたちだけで暮らし、亡くなれば空き家となる。国が土台から朽ち始めた。

## リスクが高い専門特化への警鐘

⑤では、農業の専門特化はリスクを高める、としている。

専門特化とは品目を絞って、あるいは一つに特化してそれだけを生産することである。つまり、百姓ならぬ一姓化である。政府が推進する成長産業としての農業、農業の産業化とはそういうことだ。しかしそれはリスクが高いと報告書は警鐘を鳴らしている。

とりわけ、リーマンショック（2008年）で、ヨーロッパでは単一作物に特化した企業農業の倒産が続出し、とくにオランダの花卉《かき》専門農場の倒産が多かったという。残ったのはどういう形態の農業だろうか。

報告書は「オランダの農業経営の80％が、男女問わず農外の賃労働に従事していた。そのことからすると経済危機以前には平均して稼得《かとく》所得の30〜40％が農外就労から得られた計算になる。こうした多様な経済活動がなければ、農業経営の多くは経営を存続することができなかっただろう」としている。

フランスでもフルタイム農業経営者の半数以上が「その他の有給活動」に従事しており、イタリアでは全農業経営の90％以上が多就業活動をしているとし、こう総括している。

「恐らくより重要なことはフルタイムでの農業生産に従事している専門特化した集約的農業経営が、近年の経済、金融危機のさいにはたいへん脆弱であったという事実である。デンマークやオランダでは、そうした経営の多くが農場の閉鎖に追い込まれたのである」

リーマンショック後の金融危機から農場を救ったのは農外就労、つまり兼業収入であり「農家の農外収入はリスク回避の有効な手段である」と高く評価しているのである。

ちなみに農林業センサスの農業構造動態調査（農家戸数）では「農家とは経営耕地面積が10ａ以上、又は農産物販売額が15万円以上の世帯をいう」としている。日本の農家の兼業率は67％（２０１８年）である。従来の専業農家、兼業農家では実態がとらえられなくなってきたため（定年帰農などで高齢者だけの専業農家が増加）、農家の分類を販売農家、自給的農家に分けたり、主業農家、準主業農家、副業的農家に分けたりしている。

分類の是非はさておき、私たち百姓にはリーマンショックはまったく関係がなかった。

## 世界の農業の潮目の変化

国連報告書の日本語版『家族農業が世界の未来を拓く』を読んでの私の感想と意見を述べてみた。

世界の農業の潮目が変わったという気がする。これまでの規模拡大、コスト削減、競争力の強化を金科玉条として圧倒的多数の小規模・家族農業を淘汰、排除していく農業近代化の路線が否定され変わろうとしている。

国連の報告書は、逆に「小規模経営が舞台の中央に立つ『小規模投資国家戦略』の策定」を各国政府に要請しているのである。

私は正直感銘を受けた。そして、１年間考えてその年の暮れに書いた年賀状の一枚に、「小農学会」設立の思いを書いた。「国連が小規模・家族農業に寄り添っているのだ。私たちはそれに応えなければならない」。その一枚の葉書を送った相手が、鹿児島大学の副学長から百姓に転じた萬田正治さんであった。

これが私たちの「小農学会」のそもそものスタートであった。私は高齢で余命いくばくもない身だが、後に続く人たちがきっと出てくると信じて声を上げたのである。

## まさに時代の子として

私の父は養子であった。９歳のときに本家筋の家からつぶれかかった山下家再興のために「株取り養子」として派遣されてきたのだという。そのために家意識がとても強く、総領の私はそれこそ耳にタコができるくらいにこう言い聞かされて育った。

「よかか。百姓は先祖から預かった田畑を小作料も払わず耕し、先代が建てた家で家賃も払わずに住んでおる。それで子を産み育てるだけなら犬や猫、磯のヤドカリと同じじゃ。人間ならきちんと金利をつけてお返しをせにゃあならん」

その金利が自分の代に自分の稼ぎで家産を増やして後に残すということだった。だからよく働いた。そすべてが「家のため」「子や孫のため」だった。そして68歳で逝った。

父と私は育った時代が違っていた。いうまでもなく子は親の子だが、同時に社会の子であり時代の子でもある。

敗戦が小学校（当時は国民学校）3年生。天と地がひっくり返る様子と、社会や大人たちの動向を子どもの目で見て育った。5年生から男女共学になった。兵隊帰りの教師たちは「教え子を再び戦場に送るな！」と叫んでいた。めざすは男女同権、平等、公平な世の中だ。

中学生のとき一番影響を受けたのは『山びこ学校』と題する一冊の本だった。山形県の山村の中学2年生のクラス43人が書いた生活綴方で1951年3月に出版され、たちまち大ベストセラーになった。そのとき、私は中学2年生で放課後図書室で何日もかかって吸い込まれるように読んだ。私が親や周囲の反対を押し切って百姓をやりながら文章を書くようになったのは、この『山びこ学校』の影響である。

なかでも江口江一少年の「母の死とその後」には衝撃を受けた。父親は早くに亡くなり、病気の母とわずか30ａの畑を耕しながら貧乏に苦しんでいる少年は、どうすれば豊かになれるか考え、まず田畑を増やさなければどうにもならないことに気がつく。しかし、もし自分が田畑を増やしていけば、それは今の自分たちと同じ貧しい人たちを新しく生み出すことになるのではないか。そう考えて少年は悩む。

これがいわば当時の時代の気分といったものだっ

たのだ。同じ立場だったら私も江一君と同じように悩んだに違いない。

私たちの青春時代は青年団活動のもっとも活発な時代だったが、合言葉は「一人の100歩より10人の10歩　10人の10歩より100人の1歩」というものであった。みんなで豊かになろう、みんなで幸せになろう、一人の落伍者も出さない。嘘のようだが本当の話である。

そんな次第で、私は小規模な百姓として生きてきた。劣等感を持ったことはないが、気持ちのどこかに競争レースの脱落者、敗者という思いがあったらしい。

国連の「国際家族農業年」にわが意を得た思いがするのはそのためである。けっして私は落伍者ではなかったのだ。世界のスタンダードなのである。

2014年の成果を土台に2017年の第72回国連総会で2019~28年を国連の「家族農業の10年」とすることが全会一致で可決された。この10年間に加盟各国の政府は、家族農業を中心とした農業政策の策定を求められることになる。世界の農業に革命的な変化、パラダイムシフトが起きているのだ。

## 食・農・環境の循環を根本原理として

### アグロエコロジーの時代へ

「国連家族農業年」と同時に登場してきたのが「アグロエコロジー」なる耳慣れない言葉である。これは偶然ではない。この二つはセットなのだ。

「ビア・カンペシーナ」という世界最大の農民組織がある。スペイン語で「農民の道」という意味で、1993年に結成され今や世界73か国から2億5000万人（2015年）の農民（その多くは小農）が加入する巨大組織となった。

私は2014年にアフリカのジンバブエで初めて知った。私たちを世話してくれる女性グループの中心だった中年の黒人の女性が、ビア・カンペシーナ

「初めて見た」という日本人（筆者たち）を歓迎する料理をつくる小農女性（ジンバブエ）

のアフリカ代表になるかならないかという問題で議論が白熱していたからである。日本ではほとんど報道されないから「報道なければ事実なし」で知られていないが、この農民組織は国際的に活発な活動を展開していて「食料主権」を国連総会で決議させたのもこの組織だといわれている。

ＦＡＯ（国連食糧農業機関）は、２０１３年にこのビア・カンペシーナとの連携を発表している。目的はアグロエコロジーを世界的に推進するためで、そのことがとりわけ地球の南のほうの小農たちを勇気づけ励まし、彼らの声が高まってきた背景だろう。つまり、これまで世界の農業をリードしてきた欧米型の工業的農業生産システムからの路線変更である。それを国連が先導し、世界の多数派の小規模家族農業が実践する。農業革命である。

アグロエコロジーは直訳すれば「農業生態学」だが、農業のみならず社会のあり方、暮らし方を現在の資源収奪型、環境破壊型から転換していくための科学、思想、運動、生き方などすべてを含む概念として理解されるようになっているという、つまり、世界的に社会の仕組みが変わろうとしているのだ。

## 振り返れば未来

私はいっとき有機農業を敬遠してきた。私の友人知人のなかには有機農業の実践者が多い。が、もちろん彼らを嫌いなわけではない。有機農業なる言葉が特別視され、一人歩きしているようで嫌いだったのだ。

そもそも農業は、有機だけでも無機だけでもない。どちらか一方である必要もないのだ。ところが、あえて「有機農業」と名乗ることによって、あたかもそれ以外が「無機農業」であるかのような誤解を世間に広める。しかも有機農業は認証だの資格だのとビジネスに走りすぎるところも出てきており、制約や理屈も多い。

しかし、「アグロエコロジー」ならいい。諸手《もろて》を挙げて賛成だ。なぜなら昔の百姓に戻ればいいからだ。もちろん直線的に戻るわけではないし戻れもしない。農業の「原理原則」を牛馬を使ってやっていた時代まで戻すのだ。

私たちが子どもの頃、年代では昭和30年代の前半まで農業は、今の言葉でいえばエコロジーな農業で、それこそ江戸時代中期から膨大に書かれてきた農業の本「江戸農書」の教義を忠実に３００年以上も継承してきたものだった。

根本原理は「まわし」すなわち循環である。

わが家には雌牛が2頭いた。目的は農耕用でトラクターと同じだが、このトラクターは毎年子どもを産んでくれて、これが農家の収入になった。そして物質循環の要《かなめ》の位置を占めていた。稲わら、あぜ草、米ぬかなどは餌になり、敷料になり、牛の腹を通すことで厩肥《きゅうひ》という貴重な肥料になり、田畑に還元された。

ごはんを炊くときの米の研ぎ汁も牛に飲ませて、家から出るゴミなどまったくなかった。今思えば田畑の土は生きていた。食べ物を軸にいろいろな命が循環していたのだ。

私たちが実践してきたいわゆる農業の近代化がそれを壊した。耕うん機にホリドール（農薬）、そして貿易の自由化だ。私たちの世代はその実践者であり証言者でもある。

まず、耕うん機の登場で牛が不用になった。ホリドールなどの農薬の使用が田んぼのあぜ草を家畜の餌にすることを禁じ、子どもたちの川遊びも消えた。

工業立国のシンボルの自動車を積んでアメリカへ行ったタンカーは、帰り荷に船倉を満杯にトウモロコシを積んできて、家畜を農業から切り離した加工型畜産なる別業種を育てた。

農業のそれぞれの分野が利潤を追求して、規模拡大でなんの関連もなくなり、かつて田畑へ還元された家畜の糞尿は集中することによって産業廃棄物となった。田んぼのあぜ草は除草剤をかけて枯らし、稲わらや麦わらは火をつけて燃やしている。

私なども大きな矛盾を感じながらもどうすることもできずに流れに従って生きてきた。

そこへアグロエコロジーである。これはいい。私は大賛成だ。そこへ戻らなければ農業は健全にならず、健全な農業なしに健全で持続的な農村は存続できない。当然ながら安全、安心の食生活など望むべくもない

教典は江戸時代に書かれた農書である。トラクターも除草剤もない時代にも農業はあり、人々は毎日食べて生きていたのである。ドイツの化学者リービッヒ（1803〜1873）を感嘆させた永遠に持続可能な農業を説いた本が、じつは日本にはたくさん残されている。おそらくはアグロエコロジー時代の世界のバイブルとなるだろう。振り返れば未来である。

## 農業の普遍的で崇高な価値

「農業の規模拡大はなんのためか？」。私は若い頃からずっと疑問に思いながら百姓として生きてきた。時代の流れ、農業の近代化、競争力の強化、農家の所得向上、農業の成長産業化などなどお題目に

ブドウ栽培に挑戦したりして農業を模索していた若かりし頃の筆者夫妻（1975年）

は事欠かないが、では本当にそうなのだろうか？

数えの18歳で嫁いできた女房を「絶対に後悔させない」と固く心に誓い、そのための農業を模索していた若い私にとってこれは最大のテーマだった。

どう考えても規模拡大は農家を貧しくする貧困化路線としか思えないのだ。耕作面積（畜産では飼育頭数）を拡大すれば日々の労働は強化され収穫量は増え、それゆえに価格は下落し、これではやれぬとさらなる拡大をめざす……まるで、かごのなかでモルモットが踏んでいる「空踏《からふ》み車」のようだ。ゆっくりと踏めばゆっくりと回り、急いで踏めば早く回るだけのこと。ゴールもなければ終わりもない。

私の最初の著書『野に誌す』（六藝書房）のサブタイトルは「農業にみる永遠においでおいでの世界」である。１９７３（昭和48）年、34歳の悩める百姓の処女作である。

あれから半世紀。私は理想の農業、幸せな農民像を求めて世界の農業、農村を訪ね、その数は50か国を超える。米国のオレゴン州では１２００haの小麦

山下惣一氏

農家の主の「農業だけでは食えぬ」という嘆きに仰天し、フランスでは倉庫に満杯のジャガイモが腐り始めていると憤る農民に圧倒された。

ロシアのダーチャを見たときに緊張の糸が切れた。「あ、これでいいのだ」と思った。繰り返すがダーチャとは別荘の意味で、郊外にある自給菜園のことである。国民の70％が参加し、ジャガイモの90％、野菜の80％を生産しているという。つまり市民皆農、国民皆農である。

これこそが農業が持っている普遍的な価値であり、農業が人類とともに永遠に続かなければならない理由だろう。人の命を養うという農業の役割には、経済成長などよりはるかに崇高で重要な価値がある。

農業はもうからない。そもそも第一次産業にもうけはない。私たちが農産物と引き換えに得ているのは「対価」であってけっしてもうけではない。これはサラリーマンが給料をもうけといわないのと同じである。

その対価を支払わないためのレトリックが「農業の成長産業化」である。それをいっているのがだれかを考えてみれば明白だ。この市場原理優先の路線を選択した人たちは、とどのつまり国際的な優勝劣敗、弱肉強食の苛酷な法則にさらされ、翻弄されることになる。

小農は、これとは無縁である。私たちは自分の土俵で生きていく。私の見果てぬ夢は「日本版ダーチャ」、つまり一国の存続を左右する食料有事への備えと農業の持つ普遍的で崇高な価値を足もとから見直し、市民皆農、国民皆農へ向かって手探りしていくことである。

# 第2章

# 国連「小農宣言」と海外の小農再評価

耕し歌ふぁーむ・農業・AMネット
松平 尚也

「小農宣言」採択の推進力となった南アフリカの小農女性

## 持続可能な農業・農村の未来を探るために

### 新しい小農のかたちを模索

世界で農業の大規模化が進むなかで、小農に注目が集まっている。その大きなきっかけとなったのは、国際連合（以下、国連）による小農の再評価であった。国連は、２０１９年～２０２８年を国連「家族農業の10年」とし、さまざまな取り組みをスタートさせ、さらに２０１８年12月の国連総会で「小農と農村で働く人びとの権利に関する国連宣言」（以下、小農宣言）を採択し、国際的な小農再評価の潮流に大きな影響を与えた。

本章では、小農宣言の中身を紹介し、あわせてその成立の背景にある世界の農業・農村と小農の現状を具体的に振り返っていく。さらにこうした潮流が日本の小農と農村の未来にどう関係しているのかを、小農の目線から同じ立場にいる人々に伝えることをめざして世界の農業・農村の課題と合わせて紹介することをめざす。

そこでは持続可能な農業・農村の未来を考えるために多様な農にかかわる人々を含めて農村の未来を探る新しい小農のかたちを模索していくことになる。

### 新しい権利を打ち立てる

２０１８年12月17日、小農宣言が国連総会において賛成１２１か国、反対８か国（英米等）、棄権54か国（日本含む）という圧倒的多数の賛成で採択された。小農宣言が画期的であったのは、世界81か国の２億人以上の小農が加盟するビア・カンペシーナという農民組織が原案を起草し、国際的議論に参加し国連において新しい権利を打ち立てた点にある。

世界では小農宣言を契機に、小農に注目した農業・農村の新たな道を模索する動きが始まっている。国連加盟国である日本はもちろん小農宣言の内容を尊

「小農宣言」は国連総会において賛成 121 か国、反対 8 か国、棄権 54 か国の圧倒的多数で採択された（2018 年 12 月 17 日）

重する義務が生じたことになる。

しかし日本政府は小農宣言の採決を棄権し、宣言内容の実施に消極的態度をとっている。そのため小農宣言の日本語への翻訳もおこなっておらず、宣言自体を知らない農業関係者も多いのが現状だ。一方で宣言内容は、後述していくように日本の農業・農村の未来を考えるうえで重要なものとなっている。

次に小農宣言の中身を成立の背景とともに見ていこう。

## 小農宣言のめざす道と成立の背景

### 小農の置かれている状況

小農宣言の文言は前文と28条に上る条文（本則）から構成されている。宣言の一部については本章の最後部に掲載した。しかし、国連文書ということで理解しにくい表現も多く見られるため、ここではその背景を含めて解説していく。

前文では、宣言の趣旨とともに小農が置かれている状況が描かれている。そこでは小農が世界の食と農業生産の基盤をつくり持続可能な農業生産を実践し母なる地球を守ってきた、と小農の役割を積極的に評価している。

その一方で、小農が環境破壊や気候変動による影響、世界の食料システムにおける(資本主義の)寡占、食料にたいする(資本による)投機により、不平等な扱いを受け、貧困と飢えに直面しきびしい状況にいることにたいする懸念も表明されている。そして小農が暮らしのなかで保全してきた土地、水、自然資源への権利を持ち、その人権を尊重、擁護、実現することを加盟国に呼びかけている。

この前文にはまた採択の背景にある問題が端々に書かれている。その背景について小農宣言成立の前史と絡めて少し説明しておこう。宣言成立の背景には、次の三つの時代に世界の農業・農村で起こった歴史的な問題があった。一つ目は、第二次世界大戦後の歪んだ農業の近代化の展開、二つ目が1970年以後に進行した新自由主義的な農業政策、三つ目が1990年以降に起こった農産物貿易自由化政策の推進、そしてグローバルな資本主義の伸展である。

そのなかで小農は、農村の疲弊や伝統的技術・暮らしの消失、土地や水・種子等の自然資源の剝奪を経験し、貧困や飢餓に苦しんできた。この時代的状況にたいして2001年頃からビア・カンペシーナという小農組織が、小農の権利を保障する国際法の整備をめざし、毎年、国連でロビー活動を重ねてきた。

2004年には国連にたいして小農の権利侵害に関する報告書を提出し、小農宣言の起草も始め、2008年には宣言案が国際法や制度に見合うよう書き直しをおこなっている。

## 食料危機が宣言成立のきっかけ

宣言成立の大きなきっかけとなったのは、2007~2008年に起こった食料危機である。危機以

「小農宣言」を議論した国連人権理事会で、原案を起草したビア・カンペシーナ（世界最大の小農組織）などのメンバー（ビア・カンペシーナＨＰより）

降、小農をとりまく環境はさらに変化した。食料価格の高騰により小農がさらなる貧困や飢餓に直面し、また各国の食料確保・農地への投機により生じた国際的な土地争奪により、小農の土地からの追い出しが起こった。

土地争奪の現象は世界に広がり、食料危機以降から現在までじつに世界の約４９００万haが商取り引きされたという。土地争奪において抵抗する小農や先住民への迫害が頻発し、ビア・カンペシーナがその実態を国際社会に告発した。

土地争奪の動きが加速していた２００８年６月、ビア・カンペシーナは小農の権利会議を開催し「小農男女の権利宣言」を発表した。その後も国境を越えて農民が集まり、国際政治の議論に内側・外側双方から参加していく。こうした動きと連動しながら国連においても食料危機を契機に貧困や飢餓に苦しむ小農の格差を変革する必要性が議論され始めた。

さらに市民社会でも小農の積極的な再評価が生まれていく。その象徴がカナダのＮＧＯ（非政府組織）・ＥＴＣグループが出した報告「だれが私たちの食料を養うのか？　小農食料ウエッブVS.工業的食料チェーン」だ。

報告では、小農の食料にかかわるネットワークを小農食料ウエッブと呼び、その小農の食料ネットワークが世界の農業資源である土地や水、化石燃料の25％の利用のみで世界の人々が直接口にする約70％の食料を供給していることが明らかにされた。その一方で、工業的大規模農業は農業資源の75％を利用しながら残りの30％しか供給できていないと結論づけ、国際的な小農を巡る議論に大きなインパクトを与えた。

２０１１年には国連人権理事会で小農が差別や脆弱性に苦しむ特定社会グループとして認識され、国連小農宣言採択の大きな要因となった。そして２０１２年、国連人権理事会において専門作業部会が設立され、６年の議論を経て２０１８年12月に、ついに宣言が成立したのである。

小農宣言成立過程で見られたもっとも大きな変化は、上述した小農の国際的役割の変化であった。小農たちが国境を越えて集まり、自分たちの権利を自分たちで決定することをめざし、国際政治において重要な役割を果たしたことが採択の最大の要因となったのである。

## 小農宣言と日本政府の立場

### 「小農と農村で働く人びと」の定義

次に小農宣言の中身を国内外の農業・農村の課題にひきつけながら紹介していこう。

注目すべきは、第1条の「小農と農村で働く人びと」の定義である。

そこでは、宣言の名称がまさに体現されており、農業者だけでなく自給農家、土地なし農民、農業労働者、漁労者、その他農村部に暮らす移動牧畜民の人々らも小農と見なし、大地にかかわる多くの人々にまで権利の対象を広げて小農と解釈している。世界の農村で暮らし働く人々の権利を守り農村の持続をめざしているといってよい。またこの定義は日本の小農学会の小農の定義である暮らしを目的とする点にも共通している。

第2条の「加盟国の義務」では、日本も含む国連加盟国は小農宣言を実現するため、すぐでなくても持続的な権利取り組みを法的、行政上ほか適切な措置を迅速にとることを求められている。

第3条では「不平等および差別の禁止」、第4条では「小農女性と農村で働く女性の権利」が明記された。

第4条の背景には、ビア・カンペシーナの小農女性たちが権利獲得のための国際的運動を展開したことがあった。小農女性の権利が入ったことは、農村の未来を考えるうえでも決定的に重要であった。

さらに第10条では「参加の権利」を明記し、小農が政策への参加の権利を有し、加盟国が小農に関する意思決定プロセスへの参加を促進することが謳われている。

では日本政府の第10条に見られる「参加の権利」や小農宣言への取り組みはどうなっているのだろうか？　このことを確認するために小農・市民・研究者の有志がかかわる「国連小農宣言・家族農業の10年」連絡会が主催し小農宣言の担当者と協議する集会を開催した（2019年2月・5月開催）。

一回目の「国連小農宣言・家族農業の10年」院内集会は2019年2月18日、衆議院議員会館で開催。第1部は「農民と農民団体からの提起と取り組みの紹介」。第2部は「意見交換会」という内容で、外務省、農林水産省から合わせて9名が出席。また、多くの呼びかけ議員にも参加してもらった。

筆者も有益な議論を期待し準備段階からかかわったが、出席した外務省と農林水産省の役人からは、法的拘束力がない宣言なので政策のなかで取り組むかは未定という答えであった。また、採決を棄権した理由として、さまざまな人権に関する条約が存在するなかで、「小農に特化した権利が確立されるべ

2019年2月に開催された「国連小農宣言・家族農業の10年」院内集会（衆議院議員会館）

きかどうか国際社会で議論が収斂していない。むしろ既存の人権条約の活用で対処できる」と宣言にたいして消極的態度を貫いた。

たしかに小農宣言は、法的拘束力がないソフトローであり、拘束力のある宣言や条約とくらべると加盟国への影響力が弱い側面を持つ。しかし、ソフトローであるＳＤＧｓ（持続可能な開発目標）が日本で多様な主体により議論されているとおりグローバル化が進むなかで国家以外の多様な主体もかかわりつくられるソフトローの重要性が国際社会でも認められるようになった。また、法的拘束力がなくとも国連加盟国はその内容を遵守する義務があることに変わりはない。

現に小農宣言のモデルとなった先住民の権利宣言（２００７年採択）は、多くの国の法律に組み込まれ当事者が活用できる法的根拠となっている。ただし政策への導入には、当事者だけでなくＮＧＯや市民社会による度重なる権利要求への働きかけがあって可能になってきた。つまり小農の権利も各国の小農が宣言を活用し、多様な関係者といっしょになって政府に遵守と実現を求めていくことが重要だといえる。

## 日本の農業政策は小農宣言に違反？

次に小農宣言の第15条「食への権利と食の主権」と第16条「十分な所得と人間らしい暮らし、生産手段に対する権利」を通じて、小農の権利宣言と日本の農村・農業そして小農との関係を考える。なぜなら小農宣言は途上国の虐げられた小農のための宣言という意見が根強く存在しており、日本の小農との関係性を確認しておく必要性を感じるからだ。

第15条では、小農がみずからの食と農のシステムを決定する権利を有するという「食への権利」と、その権利を促進し持続可能で公正な食のシステムや公共政策を構築することが述べられる。また第16条では、加盟国は小農が地域社会で十分な所得と人間らしい暮らしを立て、持続可能な農業に移行できるように自国の農村開発や農業・貿易・投資に関する政策を適切に講ずることを明記している。

この第16条が入った理由には、宣言成立の契機の一つとなった農産物貿易自由化による世界の小農への影響があった。貿易自由化の推進は、１９９０年代に世界で活発化し各国の食料自給率の低下を引き起こし食料危機の要因ともなった。

その農産物輸入自由化の影響を戦後の早い段階から受けてきたのが日本の小農である。日本は１９５０年代から自由貿易推進の立場から工業製品輸出の見返りに農産物輸入を拡大し、基幹作物である大豆や小麦の国内生産の激減と自給率の低下を経験した。輸入自由化路線と自給率低下は、国内農業の過当競争を引き起こし、小農を絶えず苦しめてきた。

日本政府は、現在に至るまでＴＰＰ（環太平洋経済連携協定）に象徴されるように貿易自由化路線を貫いており、大規模・企業的農業支援に重点を置いている。宣言を契機に考えたいのは、こうした政策が宣言に逆行していること。そして日本の小農が構造的に苦しめられてきた歴史的経緯とみずからの権利そのものなのだ。

## 小農の土地と種子の権利を巡る攻防

次に考えたいのは第17条「土地ならびにその他の自然資源に対する権利」、第19条「種子（たね）の権利」である。

第17条では小農が土地にたいする権利を有し、加盟国は自然資源への公平なアクセスを促進するため、土地の過剰な集積と支配を制限し、農地改革を実施すべく適切な措置をとるとされている。

第19条では小農が自家採種した種子と伝統的な知識・知恵を維持管理する権利を有し、加盟国はその権利の保護のみならず、小農が播種をおこなううえでもっとも適切な時期に、十分な質と量の種子を手頃な価格で利用でき（第19条6項）、小農による種子システムを利用し、農における生物多様性を促進するため適切な措置をとるとされている。

第19条6項は、まさに日本の主要農作物種子法（以下、種子法）と共通した内容であり、種子法の廃止（2018年4月）は、宣言に抵触するといってよい。また種苗法改悪の流れのなかで、種苗の国家管理が強化されつつある政策の方向性も同じく宣言に逆行するといえる。

第17条と第19条が入った背景には、宣言成立の契機となったグローバルな資本主義の伸展のなかで起こった、小農が有していた土地や種子、水資源の多国籍企業や資本の囲い込みがあった。この二つの条文は新しい権利ともいわれ、宣言策定過程において利害関係国である欧米から猛烈な反対にあった。

第17条では、農地改革の義務化への抵抗、第19条では、種子へのアクセスの権利が知的所有権を侵害するとして米国やEU、日本が変更を強固に主張した。

しかし前者は、小農は土地なしで存在しえないため現行案が支持され、後者においても人権は知的所有権よりも上位の権利であるとし小農の種子の権利がなんとか確保されたという経緯があった。

## 海外の小農の権利と日本の食料

宣言では、他にも第21条「水と衛生に対する権利」、第22条「社会保障に対する権利」、第26条「文化的権利と伝統的知識（知恵）に対する権利」とまさに世界の小農の権利を網羅し農村を丸ごと守ることをめざした内容となっている。

最後の第27条「国際連合とその他の国際機関の責務」（と第28条「追加」）では、国連関係機関は、宣言の完全な履行に寄与し、計画においても宣言を適用し、小農の参加を保障する手段の財源への配慮も謳われている。そしていずれの条文においても小農

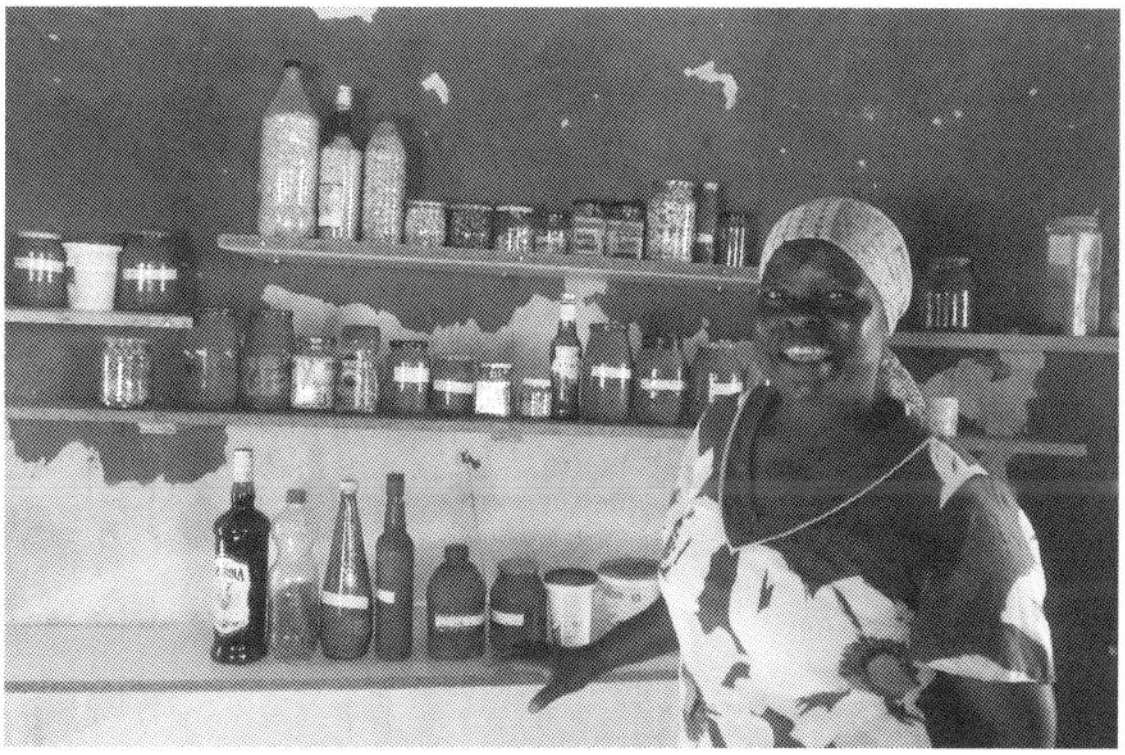
種子をさまざまな容器に入れて保管（南アフリカ）

伝統的な作物の種子を自家採種

宣言では小農の土地と種子の権利が示される

の権利（将来獲得される諸権利も含む）を弱め、侵害し、無効化するものと解釈してはならない、と結んでいる。日本政府の小農宣言への立場と解釈は、この条文からも明確に誤りであるということが指摘できる。

宣言を契機に最後に紹介したいのは、日本の食料輸入先で起こっている海外の小農の状況である。世界で食料争奪が起こるなかで、日本は１９７０年代に日本がブラジルで手がけた「セラード開発事業」を成功モデルとして、自国の食料確保のために、アフリカのモザンビークにＯＤＡ（政府開発援助）を利用した三か国共同の大規模農業開発「日本・ブラジル・モザンビーク三角協力による熱帯サバンナ農業開発プログラム」を展開している。

日本政府はプログラム対象地が、人が居住しない不毛の大地だと説明していたが、事業が始まるとそこは小農が暮らしていた土地であることが判明し、現地の小農から大きな批判の声が上がった。現在は、小農による反対運動の成果もあり、プログラムは停止し、小規模プロジェクトのみが進んでいる状態だ。こうした事業の現実からも政府が小農の権利に後ろ向きである立場が見え隠れする。日本の小農は海外の小農とともにその権利を確立していく必要があるともいえるのだ。

## 先進国での小農再評価

### 新自由主義時代でも生き抜く小農

次に世界の小農再評価が途上国を発端として先進国においても展開していることを理解してもらうために海外の状況について紹介し、今後の小農の行く先を考えたい。

欧州の小農再評価に多大な影響を与えたのがオランダ・ワーヘニンゲン大学の名誉教授のヤンダウェ・ファン・デル・プルフ（以下、プルフ）である。プルフは、『新しい小農層（The New Peasantries)』

研修生などによる稲刈り（小農を育てる霧島生活農学校＝鹿児島県霧島市）

という著書を２００８年に発表し、新自由主義時代に適応し生き抜く新しい小農を紹介した。そこでプルフはは農業と食を取り巻く環境がますますきびしくなるなかで、新しい農と農業のかたちを選択する農業者らを「新しい小農」と呼んだのである。

プルフは、新しい小農の条件として社会経済構造的に不利な状況からの自立・自律という視点を提示し、農業の多角化や高付加価値化などを小農的な農業の特徴として小農のイメージを拡大し、持続可能な農業や地域振興の担い手として小農を現代に再出現させた。その背景には、欧州で進行した多国籍資本や大企業の農業や流通の構造的支配があった。プルフはその構造を「食の帝国」と呼び、新しい小農をそれに対抗する主体としたのである。プルフは世界じゅうで新しい小農がこれまでの小農と異なる新たな形態で出現しているとした。

この新しい小農のイメージは、日本の小農学会の萬田の次のイメージとも共通している。「これまでの既存の小農を基軸としながら、これのみに限定せず、農的暮らし、田舎暮らし、菜園家族、定年帰農、市民農園、半農半Xなどで取り組む都市生活者も含めた階層こそが、新しい小農と定義づけたい」(「小農」創刊号、小農学会、2016年、15頁)

さらに日本でプルフの小農論を適用すれば、農業の六次産業化・農家民泊・都市農村交流・有機農業といった農業の多角化や高付加価値化を通して地域農業を守っているのが小農であると言いかえることができる。日本でも戦後、小農が地域を守りながら取り組んできたさまざまな経験を小農の実践としてとらえ直し、移住者や新規就農者などを新しい小農として、小農宣言も利用し政策のなかで位置づけ直す必要があるともいえるのだ。

## 新しい小農にとっての小農再評価

ここで日本の小農と小農宣言や海外の小農再評価との関係をイメージしてもらうために、非農家出身の移住者という目線から小農について考えたい。なぜなら日本の農業政策、そして小農に関連する社会運動においても次世代の小農像についての議論が少ないなかで、そこに注目することで小農の可能性を考えることができると思うからである。

紙幅の都合上、ここでは新潟の稲作農家、天明伸浩さんと私自身の小農としての考えを紹介する。天明さんは、1969年東京都生まれで東京農工大大学院を修了し、1996年に新潟県上越市の吉川最上流地域に夫婦でIターン就農。2年の研修を経て農場「星の谷ファーム」を立ち上げた。現在は、約7haの田んぼでこだわりの米づくりをおこない、暮らしを立てる。山下惣一さんの著作が大好きということで、新潟で開催された小農学会でパネリストを務めた。

その天明さんが、自分の農業経営は小農志向になっており、就農した23年前と変わり、ここ数年は自分の農業とともに耕作者を一人でも増やすことに力を入れているという。天明さんは、その理由として集落の田んぼの面積が限られるなかで、規模拡大すれば田畑にかかわる人の数が減っていく。耕作面

こだわりの米づくりをおこない、「小農こそ人々を救う」と主張する天明さん（新潟県上越市）

積を減らしてでも、田んぼで米をつくる人を増やすことが集落で暮らし続ける道だ、と考えている。

面積を減らすことを想定し、田んぼ以外での収入を増やす実践も始めている。荒れていた桑畑にブルーベリーを植えジャムやソースの農産加工に取り組み、ここ数年は平飼いの養鶏も始め、新たな収入源にしている。

天明さんは、小農学会の集まりに出て、「自分がどんな農業や暮らしを選んでいくか、その道筋がはっきりしたように思う。時代の大きな転換点を迎えている今、村が栄える小農の道を歩んでいきたい」と小農の思想との出会いから今後の方向性が明確になったという。

その天明さんがさらに小農の考えから気づいたことが、強い者が生き残る弱肉強食の視点で農業をすることの問題だ。天明さんが就農した頃は、もうかる農業のブームが起きていた頃で、山間地に就農した天明さんは奇異の目で見られた。しかし、中山間地で農業をしてきたことから見えてきたのは、社会

耕し歌ふぁーむでは伝統野菜を育み食べ手に届け、畑と土とともにある暮らしのシェアをめざす（筆者）

では弱者とされる人や小農の大切さだった。天明さんは、多様な人々を小農に位置づけて豊かで粘り強い農業を考えていくことの重要性に気づき、「小農こそが人々を救う」と主張する。小農の思想を体現するその姿はまさに次世代の新しい小農といえる。

## 小農の役割、位置づけの見える化へ

次に小農学会などにかかわりながら小農的な農業に携わる私の経験からも本項の課題を考えたい。私は京都市北部の山村である京北地域（２００５年に京都市と合併した旧・京北町）に移住して14年目を迎える農家である。非農家出身だが、２０１０年に新規就農者として農家となり現在は地域の認定農家として営農している。

農産物の販売形態は、有機栽培の伝統野菜や京野菜の宅配事業というかたちをとり食べ手に直接野菜を届けている。農業の条件不利地である当地域には、最近移住して農業を始める若者が増えている。山間地なのでもちろん田畑も小さく、家族労働が主体で

耕し歌ふぁーむ主催の都市−農村交流での親子田植え体験（京都市右京区京北）

暮らしを目的とする小農的な農業をおこなう農家が多くを占める。

その地域に突然、大規模な企業的農業経営体が国の巨額な補助を受けて参入してきた。事業の補助額は数億円でさらにその政策「産地パワーアップ事業」は農林水産省（以下、農水省）の家族農業の10年の取り組みを紹介したホームページにおいて家族農家向け政策と掲げられているものである。山間地においてこのような事業形態は次の点で課題がある。

まず家族農家を含めた小農にとって巨額な投資をすることはリスクが高く困難であり、家族農家向けの政策としていること自体が疑問だ。また多様で小規模な農業で農村を支える中山間地の農業の現状と乖離《かいり》がある。予算の一部を新規就農者や地域の担い手に回せば、地域農業の基盤強化になるのだが、現状はそうならない。

その背景にあるのが農業の大規模化・企業化をめざすアベコベ安倍農政ともいわれる、日本の農業・農村現場と政策の乖離である。さらに根本原因にあるのが、農業政策と地域農業の担い手のなかで小農や家族農業の位置づけがされていない点である。

日本の農村は家と村を基軸として小農的な共同体を基礎として維持されてきたが、私が住む地域でも高齢化が進み、その継続が困難になっている。また気候変動や獣害と呼ばれる野性鳥獣の被害が年々悪化しており、営農もままならない状況の農家も増えている。高齢者のなかに移住者が混じってなんとか農業基盤といわれる水路や農地、そして農村を守っているのが現状である。

今必要なのは、小農宣言を契機に小農を政策と地域農業の担い手として位置づけ、その役割と存在を見える化し、農村と地域農業、そしてそれを支える小農の持続をめざすことではないか。

そのためには宣言とともに、海外の小農再評価に注目し、日本でも小農の具体像を再び構築していくことが求められると考えるのである。

## 小農と農村で働く人びとの権利に関する国連宣言

参考までに2018年10月30日の国連総会決議版の日本語訳（抄訳）を掲載する。なお、章末尾に掲げたウェッブサイトからほぼ原文のまま抜粋したもので、全文は同サイトを参照されたい。

**第1条　小農と農村で働く人びとの定義**

1　本宣言において、小農とは、自給のためもしくは販売のため、またはその両方のため、一人もしくはその他の人びとと共同で、またはコミュニティとして、小さい規模の農的生産を行なっているか、行うことを目指している人、そして、家族および世帯内の労働力ならびに貨幣を介さないその他の労働力に大幅に依拠し、土地（大地）に対して特別な依存状態や結びつきを持つ人を指す。

2　本宣言は、伝統的または小規模な農業、栽培、畜産、牧畜、漁業、林業、狩猟、採取、または農業と関わる工芸品づくり、農村地域におけるその他の関連する職業につくあらゆる人に適用される。さらに、小農の扶養家族にも適用される。

3　本宣言は、土地に依拠しながら生きる先住民族およびコミュニティ、移動放牧、遊牧および半遊牧的なコミュニティ、さらに、土地は持たないが上述の営みに従事する人びとにも適用される。

4　さらに本宣言は、移住に関する法的地位の如何にかかわらず、すべての移動労働者および季節労働者を含む、プランテーション、農場、森林、養殖産業の養殖場や農業関連企業で働く、被雇用労働者にも適用される。

**第2条　加盟国の義務**

1　加盟国は、小農と農村で働く人びととの権利を尊重、擁護、実現する。本宣言の権利の完全なる具現化を直ちに保障できなくとも、漸進的な達成を実現するため、加盟国は、法的、行政上、その他の適切な措置を迅速にとる。

2　本宣言の実施に関し、（加盟国は）様々な形態の差別に対処する必要性を考慮に入れ、高齢者や女性、若者、子ども、障害者を含めた小農と農村で働く人びとの権利および特別なニーズに特別な注意を払う。

**第3条　不平等および差別の禁止**

1　小農と農村で働く人びとは、国連憲章、世界人権宣言、ならびにその他のあらゆる国際人権条約で定められた、すべての人権と基本的自由を余すことなく享受する権利を保持し、その権利の行使は、出自、国籍、人種、肌の色、血統（家柄）、性別、言語、文化、婚姻歴、財産、障害、年齢、政治または他の事柄に関する言論、宗教、出生、経済、社会、その他に関する地位／身分等に基づく、いかなる差別も受けない。

2　小農と農村で働く人びとは、発展（開発）の権利を行使する上で、優先事項および戦略を決定、構築する権利を有する。

3　加盟国は、小農と農村で働く人びとに対する、複合的で様々な形態のものを含む、差別を引き起こす、あるいは永続させる諸条件を除去するため、適切な措置をとる。

**第4条　小農女性と農村で働く女性の権利**

1　加盟国は、男女平等に基づき、小農女性と農村で働く女性が、あらゆる人権と基本的自由を十分かつ平等に享受し、農村の経済、社会、政治、文化的発展を自由に追求でき、それへの参加が可能で、そこから利益を得られることを保障すべく、これらの女性に対するあらゆる形態の差別を撤廃し、エンパワーメントの促進に資するすべての適切な措置をとる。

**第10条　参加の権利**

1　小農と農村で働く人びとは、自らの生命、土地、暮らしに影響を及ぼしうる政策、計画、および事業の準備と実施に対し、主体的かつ自由な、直接および/あるいは自らを代表する組織を通じた、参加の権利を有する。

2　加盟国は、小農と農村で働く人びとの生命、土地、暮らしに影響を及ぼす可能性のある意思決定のプロセスへの、直接的および、あるいは彼らを代表する組織を通じた参加を促進する。これには、強力かつ独立した小農と農村で働く人びとの組織の設立、ならびに、その発展への敬意、そして彼らに影響しうる食の安全、および労働と環境基準の策定と実施への参加の促進も含まれる。

**第11条　生産、販売、流通に関わる情報に対する権利**

1　小農と農村で働く人びとは、情報を求め、受け取り、それを進化させ、他に知らせる権利がある。これには、自らの生産物の生産、加工、販売、流通に影響を及ぼす恐れのある事柄に関する情報が含まれる。

2　加盟国は、小農と農村で働く人びとの生命、土地、暮らしに影響を及ぼしうる事柄の意思決定（プロセス）において、これらの人びとの実効性を伴った参加の実現を保障するとともに、これらに関する透明かつ時宜にかなった、適切な情報へのアクセスを確実にするための適切な措置をとる。その際には、それぞれの文化にふさわしい言語、形式、手段を用い、人びとのエンパワーメントの促進を可能とする。

3　加盟国は、小農と農村で働く人びとが、自治体、全国、国際レベルにおいて、自らの生産物の質を評価・認証する公平で公正かつ適切なシステムにアクセスできるよう促すとともに、そのようなシステムの構築への参加を促すべく、適切な措置をとる。

**第15条　食への権利と食の主権**

1　小農と農村で働く人びとは、適切な食への権利と、飢えからの自由という基本的な権利を有する。この権利には、肉体、精神、知性の面で最高レベルの発展の実現を保障する、食を生産する権利、および、適切な栄養を摂取する権利が含まれる。

2　加盟国は、文化の尊重を土台とし、将来世代の食へのアクセスを保全する持続可能かつ公正なる手法で生産・消費され、個人および、あるいは集合体としてのニーズに応え、物理的にも精神的にも充実した尊厳ある暮らしを保障する、十分かつ適切な食に、小農と農村で働く人びとが物理的にも経済的にも常にアクセスできるよう保障する。

**第16条　十分な所得と人間らしい暮らし、生産手段に対する権利**

1　小農と農村で働く人びとは、自身とその家族が適切な水準の生活を送る権利、その実現に必要な生産手段への容易なるアクセスの権利を有する。なお、この生産手段には、生産のための機材、技術的支援、融資、保険やその他の金融サービスが含まれる。また、これらの人びとは、自由に、個々人および、あるいは集合体としても、集団あるいはコミュニティとしても、伝統的な手法で農業、漁業、畜産、林業に携わる権利を有し、地域社会を基盤とした商いのシステムを発展させる権利を有する。

2 加盟国は、小農と農村で働く人びとが、自治体、全国、地域の市場において、十分な所得と人間らしい暮らしが保障される価格で生産物を販売するために必要な輸送、加工、乾燥の手段や貯蔵施設に優先的にアクセスできるよう適当な措置をとる。

3 加盟国は、自国の農村開発、農業、環境、貿易、投資に関する政策とプログラムが、(小農と農村で働く人びとの) 地域社会で暮らしをたてる選択肢を守り、これを強化すること、そして持続可能な農的生産の様式への移行に対し、実効性を伴った貢献を行うため、あらゆる適切な措置をとる。加盟国は、可能な場合は常に、アグロエコロジーと有機栽培を含む、持続可能な生産を活性化し、農家から消費者への産直販売を推進する。

## 第17条 土地ならびにその他の自然資源に対する権利

1 小農と農村に住む人びとは、本宣言第28条に則り、個人として、かつ、あるいは、集合的に、土地に対する権利を有する。この権利には、適切な生活水準を実現し、安全かつ平和に、尊厳のある暮らしを営む場を確保し、自らの文化を育むための土地へのアクセス、土地と水域、沿岸海域、漁場、牧草地、森林の持続可能な利用と管理に対する権利が含まれる。

## 第19条 種子［たね］への権利

1 小農と農村で働く人びとは、本宣言第28条に従って、種子への権利を有する。その中には以下が含まれる。a 食や農のための植物遺伝資源に関わる伝統的な知識・知恵を保護する権利 b 食や農のための植物遺伝資源の利用から生じる、利益の分配に公平に参加する権利 c 食や農のための植物遺伝資源の保護と持続可能な利用に関わる事柄について、意思決定に参加する権利 d 自家農場採種の種苗を保存、利用、交換、販売する権利

2　小農と農村で働く人びとは、自らの種子と伝統的な知識・知恵を維持、管理、保護し、発展させる権利を有する。

3　加盟国は、小農と農村で働く人びとの種子の権利を尊重、保護、具現化するための措置をとる。

4　加盟国は、小農が、播種を行う上で最も適切な時期に、十分な質と量の種子を手頃な価格で利用できるようにする。

5　加盟国は、小農が自らの種子、または、地元で入手できる自らが選択した種子に依存する権利に加え、小農が栽培を望む作物と品種を決定する権利を認める。

他の目的の利用よりも優先する。

**第20条　生物多様性に対する権利**

1　加盟国は、関連する国際法に従い、小農と農村で働く人びとの権利の完全なる享受の促進と擁護のため、生物多様性の消滅を防ぎ、その保全および持続可能な利用を保障すべく、適切な措置をとる。

2　加盟国は、生物多様性の保全とその持続可能な利用に関係する、伝統的な農耕、牧畜、林業、漁業、畜産、アグロエコロジーのシステムを含む、小農と農村で働く人びとの伝統的な知識／知恵、イノベーション、実践を振興し保護すべく、適切な措置をとる。

3　加盟国は、あらゆる遺伝子組み換え生物の開発、取引・取扱い、輸送、利用、移転、流出がもたらす、小農と農村で働く人びとの権利に対する侵害のリスクを防止する。

**第21条　水と衛生に対する権利**

1　小農と農村で働く人びとは、生命の権利とすべての人権、および、（法の下における）人としての尊厳の完全な享受のために不可欠な安全で清潔な飲み水と衛生に対する権利を有する。これには、良質かつ手頃な価格で、物理的にアクセス可能で、差別のない、文化的およびジェンダー上の要件からも許容できる水供給制度と処理設備に対する権利が含まれる。
2 小農と農村で働く人びとは、個人および家庭の利用、農耕、漁業、畜産のための水への権利を有するとともに、その他の水に関わる暮らしを護り、水の保全、復元、持続可能な利用を保障する権利を有する。小農と農村で働く人びとは、水と水管理制度に公平にアクセスする権利を有し、水供給を恣意的に絶たれ、汚染されない権利を有する。
3 加盟国は、差別なき水へのアクセスを尊重、保護、保障する。加えて、特に農村の女性と少女、そして遊牧民、プランテーション労働者、法的地位の如何を問わず、すべての移住者、非正規あるいは非公式の占拠地に暮らす人びとなどの不利な立場にある、あるいは周辺化された集団に対して、個人、家庭、生産のための利用を可能とする手頃な価格の水ならびに処理設備の改善を確保する措置をとる。これには、慣習上またコミュニティに根ざした水管理制度も含まれる。
加盟国は、灌漑技術、処理済み廃水の再利用技術、集水および貯水技術を含む、適切で入手可能な技術を促進する。

## 第22条　社会保障に対する権利

1 小農と農村で働く人びとは、社会保険を含む、社会保障に対する権利を有する。
2 加盟国は、各国の状況に沿って、農村におけるすべての移住労働者の社会保障に対する権利の享受を促進する、適切な対策を講ずる。

## 第26条　文化的権利と伝統的知識・知恵に対する権利

1 小農と農村で働く人びとは、干渉やいかなる形態の差別も受けず、自身の文化を享有し、自由に文化の発展を追求する権利を有する。加えて、これらの人びとは、生き方、生産の手段や技術、慣習や伝統など、自らの伝統的な知識・知恵と地域社会で育まれた知識を維持、表現、運用、保護、発展させる権利を有する。何人も、文化に対する権利の行使により、国際法で保障された人権を侵害してはならず、人権の範囲を制限してはならない。

2　小農と農村で働く人びとは、個人および、あるいは集合的にも、集団あるいはコミュニティとしても、国際的な人権基準に従って、地元の慣習、言語、文化、宗教、文学、芸術を表現する権利を有する。

3　加盟国は、小農と農村で働く人びとの伝統的な知識・知恵に対する権利を尊重し、この権利を認め保護するための措置をとり、小農と農村で働く人びとの伝統的な知識、実践、技術に対する差別を撤廃する。

## 第27条　国際連合とその他の国際機関の責務

1　国連の専門機関・基金・計画、国際および地域金融機関を含むその他の政府間組織は、本宣言の完全な履行に寄与する。これには、特に、開発援助および協力を通じたものが含まれる。小農と農村で働く人びとに影響を及ぼす問題について、これらの人びとの参加を保障する手段ならびに財源について配慮する。

2　国際連合、国連専門機関・基金・計画、国際および地域金融機関を含むその他の政府間組織は、本宣言への敬意とその完全なる適用を促進し、その効果を確認し続ける。

## 第28条　追加

1　本宣言に記されるいずれの条文も、小農と農村で働く人びとと先住民族が、現在保持する、あるいは、将来獲得する可能性のある諸権利を弱め、侵害し、無効化するものと解釈してはならない。

2　本宣言が明言する権利の行使にあたっては、いかなる種類の差別なしに、すべての人権と基本的自由が尊重される。本宣言に示された権利の行使の制限は、法に定められ、かつ、国際人権法に準拠したものに限られる。これらのいかなる制限も、非差別的なものであり、他者の人権と自由への正当なる認識と尊重を保障する目的、ならびに、民主主義社会において公正かつ最も切実な要求を満たすために必要とされる場合に限る。

監訳：舩田クラーセンさやか　訳者：根岸朋子（公開日：２０１９年2月16日）

（小農宣言、全文は以下のウェッブサイトから入手できる）

小農と農村で働く人びとの権利に関する国連宣言（国連総会決議版、日本語訳 ver.3）

https://www.farmlandgrab.org/uploads/attachment/UN_Peasants_Declaration_(Japanese)_13022019.pdf

〈注釈〉

小農宣言採択までの経緯については、以下を参照した。

『よくわかる国連「家族農業の10年」と「小農の権利宣言」』小規模家族農業ネットワークジャパン編、２０１９年3月、農文協

『国境を越える農民運動 ―世界を変える草の根のダイナミクス（シリーズ・グローバル時代の食と農2）』マーク・エデルマン、サトゥルニーノ・ボラス・Jr.、２０１８年12月、ICAS日本語シリーズ監修チーム（監修）、舩田クラーセンさやか、岡田ロマンアルカラ

"GLOBAL ACTIVISM IN FOOD POLITICS: POWER SHIFT" ALANA MANN,2014, Palgrave Macmillan UK

"La Vía Campesina,Globalization and The Power of Peasants" Annette Aurélie Desmarais,2012,Fernwood Publishing

第3章

# 「百姓・生産者・小農」と100年の変遷

トクノスクール・農村研究所（熊本大学名誉教授）
徳野 貞雄

稲をはさに掛けて天日乾燥をする（新潟県阿賀野市）

## 「百姓・生産者・小農」という言葉

### 農にかかわる言葉は多様で漠然

書名の『新しい小農』を語るには、「〝小農〟とはなにか、どんな人たちのことをいうのか」を、わかりやすく説明する必要がある。しかし、この作業は意外とむずかしい。

たとえ、「小農とは、利潤を目的とせず、暮らしを支えるための小規模な家族経営である」と定義しても、わかったような気持ちになるが、はっきりとはわからないことも多い。具体的にいえば、「小農」と「小規模な家族経営農業」とは同じことなのか、それとも別のことなのか。また、農業経営の規模や目的のことを指しているのか、漠然としていてよくわからない。はたまた、「小農」には農法・技術や農業機械などにかかわる農作業の形態も含んでいるのか、よくわからない。

だけど「よくわからなくてもいいのではないか」と、私は思っている。理由は後で述べたい。ただ、日本の農業・農民・農村にかかわる現象が、この100年間に大きく変わっている。その変化・変遷を通して、「小農」という言葉や意味がどう変化してきたかを明らかにすることから、「小農」とはなにかを探り出していきたい。

もともと農業・農民・農村など「農」にかかわる言葉は、非常に多様で漠然としたものが多い。とくに農民が使う日常的な言葉と行政や学術的な言葉では、同じ対象をまったく別の言葉やニュアンスで言い表すことも多い。

具体的にいえば、田んぼで農作業をしている人の呼び名は、一般的に「お百姓さん」でもいいし、「農民」でもいい。また、「農家の人」でもいい。堅い書物には、「稲作生産者」とか「有機農業者」とか専門的な言葉で書かれていることもある。他にも、「第一次産業従事者」や「ファーマー」などの言葉もある。普通の農作業をする人の呼び名ですら、意外とバラバラで多様なニュアンスがあり、むずかしいのである。とくに農業をする人といった場合、個人（男か女か、若者か年寄りか等）を指すのか、それとも集団（農家や経営体）を指すのかも不鮮明である。

考えてみれば、「農業」という言葉自体が、さまざまなバイアスがかかった言葉なのかもしれない。昭和初期の人たちの多くは、自分のことを「百姓」と呼び、日々の仕事を「百姓仕事」と呼んでいた。戦後になってから、「百姓仕事」が「農業」に変わり、「生業」が「職業」に変わった。そして、「百姓のおじちゃん」が「農業生産者」と呼ばれるようになっていった。すなわち、農業が産業の一つとなり、おカネの匂いを基準に判断され、百姓が職業に変わっていった。

## 「百姓」と「農業」の間の溝

この「百姓」と「農業」の間には、知らぬ間に微妙だが、本質的に大きな溝ができてしまった。この微妙かつ本質的な溝について、次のような〈出来事〉から具体的に説明したい。

**〈出来事〉** テレビの『新婚さんいらっしゃい』は、長寿番組である。桂文枝が三枝であったときの、昭和の放送であった。

出演者は、熊本の人吉からの30代の農家の夫婦であった。三枝が「職業は?」と尋ねたら、夫が「百姓です」と答えた。（三枝は意地悪く、「百姓」ではなく「農業生産者」として）「じゃあ、なにをつくっていますか?」と尋ねた。（夫は「百姓」として）「田んぼと畑をつくって、牛も飼ってます」と答えた。ここに、「百姓」と「農業」に微妙なズレが発生した。

三枝はその答えを受けて、「つくっている田んぼと畑の土の味は、どう違うんですか?」「つくっている土は、おいしいですか?」と畳みかけた。夫婦は真っ赤になり、夫は慌てて、「今田んぼでは稲を植えています。畑では夏秋キュウリを植えています」と答えた。その情景に会場からは爆笑が起こった。

この情景に、私はえもいわれぬ不愉快さを感じ、制作放送局の朝日放送に「三枝のほうが間違っている」と苦情の手紙を送った。

「農家の人は田んぼでも畑でも、土はつくると言うが、米をつくるとはあまり言わない」「百姓は、土に籾をまいて、稲を水と太陽によって育ててもらい、秋に米として収穫していると感じている」。同じように、「キュウリの苗が土と太陽と水の恵みのなかで育っていると認識している」。だから、自分のできることは、「稲やキュウリが育つ条件のよい土壌をつくり出すこと＝土つくり＝条件整備としての農作業」にいそしんでいるのである。

工場労働者のように、自分で直接米やキュウリやミルクや卵をつくるという思い上がった認識はいっさいなく、土づくりという条件整備や家畜の環境整備を、自分たちの仕事と考えている。ここに、「百姓」と「農業」・「生産者」との微妙だが本質的な差異の一環がうかがえる。

すなわち、三枝は1980年（昭和55年）代の社会的通念として行政やマスコミが使っていた「農業経営」を、人吉の「百姓」にぶつけた。当然、実際に土を耕している農業者（百姓）は、「経営」や「生産」とは異なる、「農」の「百姓仕事」を答えた。この微妙な言葉のズレを三枝はわかっていて、番組の笑いに変えたのかもしれないが、不愉快ではあった。

以上のように、「農」にかかわる言葉は意外とむずかしく、ましてや、「小農」をわかりやすく説明するのはなおさらむずかしい。立場や視点およびニュアンスの異なる言葉も多いが、使用する言葉を一定程度整理しておかなければならない。

ここでは〈農業・農民・農村・家族・世帯・経営・地域（集落）〉といった一般的用語をベースとして用いるが、〈「百姓」・「生業」・「暮らし」・「営み」・「イエ・ムラ」〉といった、農民が使う社会的慣習用語も用いる。本書第3章の私の仕事は、この「小農」といわれる人々と意味を、歴史的実態として社会学的視点から学術的に分析することになる。

## 二つの小農論
## ――100年間の時代区分

### 大多数を占めた「伝統型小農」

現在、「小農」にたいして多くの注目が集まっているが、その理由の一つに、「小農」という言葉の内容とニュアンスが、この100年間にまったく逆のものに変わったドラスティック性があると思う。

100年前の昔の「小農」は、強いていえば、零細な貧しい「百姓」たちの総称であり、前近代的な克服されるべき存在としての「伝統型小農」であった。ただ、この「伝統型小農」が国民のほぼ大多数を占め、社会のマジョリティ（多数派）を形成していた。しかし、このマジョリティの最大の欠陥は、貧しかったことである。だから、「伝統型小農」にたいしては、否定的な負のニュアンスが常につきまとっていた。

一方、現代の「小農」は、誇張して言えば「正義の味方」もしくは「未来への〈希望〉を耕す人々」である。カネもうけを目標とした大規模な近代的組織農業に背を向け、政府の大規模化農政に逆らう抵抗派である。また、生活（暮らし）と生産を分離せず、大地の恵みや環境循環を科学的に認識している「自覚的百姓」である。

この「自覚的百姓」は、農民のなかでも少数者（マイノリティ）ではあるが、「抵抗型小農」として存在意義を強く主張している。そして「小農学会」における農民メンバーの中心を形成している。

一方、「小農学会」では「生活農業論」的な視点から、農水省や普及所などのデータから農業者として外された（耕地面積10a以下、15万円以下の販売額）超小規模な農業者や自給農家の高齢者や女性たちにも目を向け、さらに兼業農家や農作業をおこなっている消費者にまで視野を広げた。

現在、田んぼや畑で農作業をしたり田植え機を動かしたりしている人には、勤め人や公務員などの人も多いし、農作物を販売していない人も多くいる。また、「食と農」の関係に目覚めた消費者や、環境や景観問題にも関心を持ち始めた都市人、さらには人間の関係性や絆など暮らしの集団性に引きつけられている人たちが、「農の持つ力と技」を再発見しはじめている。

この人々は、単に農業領域だけでなく、過度に近代化・産業化・都市化され、細分化された、展望の開けない現代社会にたいし批判的まなざしを持ち、未来の社会への展望を切り開く行動として、新規就農や農業支援および体験農業などへの参加をおこない、農的世界への接近を強く模索している。すなわち、農に未来の社会の希望を託す「希望の種型小農」なのである。この「希望の種型小農」は小農学会のメンバー以外にも、少なからずいる。

## 「希少型小農」への劇的な変身

この「抵抗型小農」と「希望の種型小農」は、現代社会では数のうえでは少数派（マイノリティ）かもしれないが、価値観や社会的展望性では希少なエリートかもしれない。

だから、「希少型小農」にたいして、多くの注目が集まっていると考える。すなわち、従来のマジョリティ型の「伝統型小農」とはかなり異なった性格や評価を持っている。一言でいえば、〈「暗い百姓」＝「伝統型小農」から「明るい百姓」＝「希少型小農」〉への劇的な転身を、この100年間の事実関係から明らかにしていきたい。

なお、現代の「希少型小農」（抵抗型小農＋希望の種型小農）が注目されるもう一つの理由は、人々の共同性にたいする憧れである。

近年、「百姓」や「生業」といった共同性や集団性を強く示唆する言葉や「自然循環」などの言葉がよく使われる。このような土臭くて人間の関係性の濃い言葉が再評価され、強く意識されている。このことは、現代の人々の暮らしが、急激な産業化・近代化のなかで生活と生産のみならず、人間関係が分断化されていることへの不安と反省である。

「食と農」は経済的視点からバラバラに、「食」と「農」に分離させられた。人間も都市人と田舎人（サラリーマン・消費者と農民）に分けられた。なによりも、家族がバラバラにされている。多くの人は気がついていないが、現代は「家族＝世帯」ではない。田舎には祖父母夫婦が住み、マチには親夫婦が暮らしている。都会に子どもたちが暮らしているので、本人たちは「家族」だと思っているが、生活実態としては超極小化した小人数の世帯にバラバラに解体させられ、孤立した生活実態を営んでいる。

このような現状にたいし、半自覚的に「百姓」・「生業」や「農家」・「家族」・「田舎」・「ムラ」といった言葉を使うことにより、失われた現代社会の共同性にたいする反省と痛烈な憧れと反撃を示している。

この反撃の原理は、農が持っていた生活と生産の未分化（統合）をベースに、「百姓」や「生業」といった歴史的な農家集団を足がかりに、人間の暮らしや絆および社会の再統合を強く模索する人々にアピールした。同時に、現実的な実践行動としてさまざまな農への接近行動を通じて、具体的な社会的反撃行動も呼び起こした。

このことは、「小農学会」の結成や「小農」ブームだけではなく、「里山資本主義」の広がりや「田園回帰」ブームなどの風潮とも一致する。すなわち、過度な近代化・産業化・科学化といった価値基準がおよぼす未来の社会の閉塞状況を予知し、それにたいする数少ない現実的な抵抗原理として「農の世界」や「小農」が再評価されている。

## データで見る100年の「農の世界」

### 三つの時代に分けて分析

この100年前の「伝統型小農」から、現代の「希少型小農」への大転身には、100年のドラスティックな社会的現実がある。この100年を、「昭和前期」・「昭和後期」・「平成期」の三つの時代に分けて、

**基本属性の指標**

| 昭和後期・成長期 | | 平成期 | | 令和期 |
|---|---|---|---|---|
| 1965年<br>昭和40年 | 1980年<br>昭和55年 | 1990年<br>平成2年 | 2015年<br>平成27年 | 2025年<br>令和7年 |
| 9827万人 | 1億1706万人 | 1億2361万人 | 1億2709万人 | 1億2254万人 |
| 2306万世帯 | 3410万世帯 | 4067万世帯 | 5333万世帯 | 5412万世帯 |
| 4796万人 | 5581万人 | 6168万人 | 5891万人 | 社人研<br>(2017; 2018)<br>による推計 |
| 566万世帯 | 466万世帯 | 383万世帯 | 215万世帯 | |
| 1151万人 | 697万人 | 481万人 | 209万人<br>（＊2018年=175万人） | |
| 5,133,831ha | 4,705,587ha | 4,198,732ha | 2,914,860ha | |
| 24.5% | 13.7% | 9.4% | 4.0% | |
| 24.0% | 12.3% | 7.8% | 3.5% | |
| 1.50% | 2.60% | 5.57% | 23.40% | |
| 2.53% | 4.45% | 4.33% | 14.10% | |
| 27.41歳 | 28.67歳 | 30.35歳 | 31.10歳 | |
| 24.82歳 | 25.11歳 | 26.89歳 | 29.40歳 | |
| 67.74歳 | 73.35歳 | 75.92歳 | 80.75歳 | |
| 72.92歳 | 78.76歳 | 81.90歳 | 86.99歳 | |
| 34兆6000億 | 251兆5000億 | 457兆4000億 | 530兆5000億 | |
| 3兆2千億（9%） | 10兆3千億（4%） | 11兆5千億（2.5%） | 8兆7千億（1.6%） | |
| 60 所得倍増計画<br>61 農業基本法<br>62 全国総合開発計画 | 70 過疎対策緊急措置法<br>74 米の減反政策<br>75 有吉佐和子「複合汚染」 | 80～ 食の安全性の動き<br>99 食料・農業・農村基本法<br>2000 中山間地等直接支払制度 | 06 有機農業推進法<br>11 東日本大震災<br>18 「小農と農村で働く人々の権利に関する国連宣言」 | 19 『新しい小農』刊行 |

「農の世界」の歴史的実態変化と「小農」の意味的変化をデータを軸に分析していきたい。

　100年前はちょうど「第一回国勢調査」が実施された年である（1920年）。だから、国勢調査や農林業センサスなどのしっかりした統計データから、現実の農業や社会の変化を明らかにすることができる。なお、第一回国勢調査以前には、日本の社会（ほとんどが農村）の正確な姿が、データ的には描くことができなかった。

　**表3—1**は、日本のこの100年間の「社会構造の基本属性」の時代的区分である。具体的には、A．総人口、B．総世帯数、C．総有業者数、D．

**表3-1 社会構造の時代区分別の**

| | | 明治・大正期 | | 昭和前期 | |
|---|---|---|---|---|---|
| | | 1872年<br>明治5年 | 1900年<br>明治33年 | 1920年<br>大正9年 | 1955年<br>昭和30年 |
| A | 総人口 | 3480万人 | 4384万人 | 5596万人 | 8927万人 |
| B | 総世帯数 | — | — | 1112万世帯 | 1738万世帯 |
| C | 総有業者数 | — | — | 2732万人 | 3959万人 |
| D | 農家世帯数 | — | — | 548万世帯 | 604万世帯 |
| E | 農業従事者数 | 1469万人 | 1357万人 | 1391万人 | 1485万人 |
| E−2 | 農地面積 | — | — | 6,071,889ha | 5,183,073ha |
| 農家率(D/B) | | — | — | 49.3% | 34.8% |
| 農業就業者率(E/C) | | 77.0% | 55.2% | 50.9% | 37.5% |
| F | 生涯未婚率 男 | | | 2.17% | 1.18% |
| | 生涯未婚率 女 | | | 1.80% | 1.47% |
| G | 初婚年齢 男 | | | 25.02歳 | 27.05歳 |
| | 初婚年齢 女 | | | 21.16歳 | 24.69歳 |
| H | 平均寿命 男 | | | 42.06歳 | 63.60歳 |
| | 平均寿命 女 | | | 43.20歳 | 67.75歳 |
| I | GDP(国内総生産) | | | | 8兆8000億 |
| J | 農業総産出額(J/I) | | | | 1兆6千億(18%) |
| ＊「食と農」における、時代区分による社会政策の大転換 | | | | 1920 第一回国勢調査 | 45 第二次世界大戦の敗戦<br>46 農地改革<br>47 日本国憲法発布 |

農家世帯数、E．農業従事者数、F．生涯未婚率、G．初婚年齢、H．平均寿命、I．GDP（国内総生産）、の主要9項目を示している。

表3―1下部の＊は、この100年間に起こった「食と農」をベースとする社会的変化や政策の大きなものを、時代区分によって列挙したものである。

**表3―2**は、「食と農・家族・暮らし」を中心とする生活構造上の100年の変化を、トピックとして時代的に整理したものである。

主に、A．「食と農」にかかわるもの、B．家族生活にかかわるもの、C．人口動態にかかわるもの、の3点で分けている。

「食と農・家族・暮らし」の特徴の変遷

| 昭和後期・成長期 | | 平成期 | | 令和期 |
|---|---|---|---|---|
| 1965年<br>昭和40年 | 1980年<br>昭和55年 | 1990年<br>平成2年 | 2015年<br>平成27年 | 2025年<br>令和7年 |
| 9827万人 | 1億1706万人 | 1億2361万人 | 1億2709万人 | 1億2254万人 |
| 2306万世帯 | 3410万世帯 | 4067万世帯 | 5333万世帯 | 5412万世帯 |
| 転換期（高度経済成長期） | | サラリーマン社会 | | |
| 〈農民・（生産者）・兼業農家〉<br>パラダイム転換 | | 小農（マイノリティ）<br>消費者（マジョリティ） | | （農的生活者）？ |
| 農業・所得が基準（産業・職業化）<br>（生産と消費の分離） | | 規模拡大　VS.　小農<br>近代農法　　有機農業 → | | ※１「生活農業論」<br>的世界の視角 |
| 自作農主義をバックに高度経済成長<br>農業離脱（兼業・離農化） | | 社会的基盤の溶解<br>家族と世帯の分離 | | |
| 豊かさの追求の中心（外食・中食） | | 輸入増加の飽食 | | 食品ロス、子供食堂 |
| 過疎・過密（人口移動） | | 限界集落 → | | ヘタリ集落化 |
| 近代化・民主化・都市化 | | 地域おこし（活性化） | | ※２　戦後農山村の政策史 |
| 近代化・民主化と「核家族」観<br>都市型（夫婦＋子供） | | 社会移動に生活基盤の溶解<br>(祖父母/父母/子供達)の別居 | | |
| 都市化・核家族化 | | 極小化・分散化 | | ※３　過疎地の三層構造 |
| 恋愛婚 | | 晩婚化・非婚化 | | |
| 民主化・近代化 | | ジェンダー・フリー | | |
| 人生60年 | | 高齢化・人生80年 | | |
| 少産－少子 | | 少産－多死 | | |
| 移動（都市集中） | | 三層構造（分散） | | |

なお、表3―1は第一回国勢調査や農林業センサスを主として使っているが、100年以上前の明治時代の指標も、必要なものは加味して掲載している。また、第一回国勢調査は1920年で大正9年であるが、時代区分としては〈昭和前期〉として整理している。

## 「小農」を巡る100年の変化

表3―1、表3―2のデータ指標をベースに、「小農」を巡るこの100年間の変化を実証的に追跡してみたい。大まかに時代区分を分けると、次のようになる。

①昭和初期の「百姓」と「生業」の時代における「伝統型小農」の時代。

②昭和後期（高度経済成長期）における産業化や都市化の影響を受け、農業・農民・農村が大変革に遭遇した時

**表3-2 時代区分別の生活構造上の**

| | | | 明治・大正期 | | 昭和前期 | |
|---|---|---|---|---|---|---|
| | | | 1872年<br>明治5年 | 1900年<br>明治33年 | 1920年<br>大正9年 | 1955年<br>昭和30年 |
| 総人口 | | | 3480万人 | 4384万人 | 5596万人 | 8927万人 |
| 総世帯 | | | — | — | 1112万世帯 | 1738万世帯 |
| A 食と農 | ア | 社会的特徴 | 農村社会 | | | |
| | イ | 対象者 | 百姓<br>（マジョリティ） | | | |
| | ウ | 農（業）の特徴 | 食料不足の下の『生業』<br>（生産と生活の一体化） → 「生産力農業論」的世界 | | | |
| | エ | 社会経済体制 | 「地主・小作制」と後発型の日本資本主義 | | | |
| | オ | 食糧（事） | 飢餓的 | | 食料増産 | |
| | カ | 人口政策 | 農村の過剰人口（二、三男対策） | | | |
| | キ | 農村政策 | 伝統的定住型「イエ・ムラ」社会 | | | |
| B 家族 | ク | 家族観 | 直系家族観<br>（祖父母＋直系父母＋子供達） | | | |
| | ケ | 世帯 | 本家・分家 | | 「イエ・ムラ」（封建遺制論争） | |
| | コ | 結婚 | 生活婚 | | 見合婚 | |
| | サ | 生活感（規範） | 家父長制 | | | |
| C 人口動態 | シ | 平均寿命 | 人生50年 | | | |
| | ス | 出産・死亡 | 多産ー多死 | | 多産ー中死 | |
| | セ | 居住移動 | 定住型田舎 | | | |

※1 生活農業論 ※2 戦後農山村の政策史 ※3 過疎地の三層構造

代。「百姓」が「生産者」に変わり、「百姓仕事」が「農業経営」に変化した時代である。「伝統的小農」の多くが都会人（サラリーマン）に転身することに憧れた時代でもあった。

③平成期は、農的には完全に「食」と「農」が分離し、日本人が農作物をカネで買って食べる人間（消費者）と農産物をつくる農業生産者に分解した。農業生産者のなかには一部抵抗勢力としての「希少型小農」（「抵抗型小農」＋「希望の種型小農」）が生息している。

社会的な最大の変化は、国民の大多数であった庶民＝「百姓」（伝統型小農）が、時代の変化のなかでワープして大多数の「サラリーマン」（消費者）に変身したことである。

## 昭和前期の社会と農業（百姓の世界）

### 「伝統型小農」が国民のマジョリティ

まず、戦前の大正期や昭和前期に使われていた「百姓」という言葉は、地主・小作制度のなかの零細規模の貧しい農民というニュアンスが強くつきまとう。また、「百姓」は、家族労働を軸に、生活と生産が未分化な「生業」としての百姓仕事を営んできた農業・農民の姿でもある。

さらに、家父長制や男女差別などの家族内ヒエラルキーや、集落内の本家・分家関係などの伝統的な封建遺制が残っている、人格的な差別意識をも持つ、前近代的な社会的性格を持っていた。国民の中の多くが、このマジョリティとしての「農民＝百姓」であり、この人々や農家を「伝統型小農」と名づける。そして、日本の社会構造の基盤部分が、この「百姓」＝「伝統型小農」による「イエ・ムラ」構造によって形成されていた。象徴的にいえば、この「伝統型小農」は貧しくて過酷な百姓生活を連想させた。

この昭和前期は、大正期や明治期、時には江戸時代とも連続する伝統的な農業社会であった。このことを、表3―1の「社会構造の基本属性」から見てみよう。まずA．総人口は、1872年（明治5年）の3480万人から1920年（大正9年）の5596万人、そして1955年（昭和30年）の8927万人まで人口は約2・6倍にまで増えている。この時代の最大の特徴は、この人口爆発である。

現代（令和元年）では1億2600万人まで約3・6倍に大膨張している（なぜか社会的には人口減少時代などと虚偽的なことを強調する社会的風潮が蔓延している。だれが見ても、日本の人口は明治、大正、昭和と増え続けてきたことを否定することはできない）。この増えてきた総人口のうち、E．農業従事者数は、明治5年に1469万人、大正9年に1391万人、昭和30年に1485万人と、ほぼ

囲炉裏を囲んでの大家族の一家団らん（山梨県、1948年）提供・毎日新聞社

１４００万人前後で安定し、変化がなかった。これが最大の農業上の特徴である。すなわち、人口が増えても日本の社会基盤である農業・農民・農村の三大基盤の指標は、ほとんど変化しなかった。

非常に重要なことだが、明治以降、昭和30年（１９５５年）までは、日本の耕地面積の５５０万〜６００万ha、農業従事者１４００万人、農家世帯５５０万世帯の三大指標はほとんど変化しなかった。すなわち、人口が増え世帯が増え、都会の人や務め人が増えても、日本社会の根幹である農地・農家・農民の数は変わらなかったのである。すなわち、日本は農業・農村社会であり続けた。

一方で、農家・農民の実態は、農家一世帯当たりの耕地面積は単純平均で０・５４haであり、１haにも満たない「五反百姓」の零細農家が多くあった。さらに地主―小作制のもとで、１９００年頃には、全国の耕地面積のうち小作地率が45％を超え、収穫高にたいする小作料率は50〜60％にも達する高額小作料のなかで、農家の多くは貧困にあえいでいた。

## 日本資本主義の低賃金労働力の供給源

零細規模と小作料の重圧に苦しむ百姓は、農業だけでは生活できず、次三男や婦女子を低賃金で地方都市の工場に大量に出稼ぎさせ、彼らの賃金を家計補填させることで、ようやく生計が維持できた。一方、繊維産業等の産業資本にとっては、農村からの大量の低賃金労働力の供給が、日本の後発型産業の発展の基盤となった。ここに高額小作料（地主＝資本家の収奪）と低賃金の相互規定関係が成立した。

この関係のもとで日本資本主義と地主制は相互補完関係を取り結びながら発展していった。日清・日露戦争以降になると、地主は小作料収入を銀行・鉄道・電力などの重工業化の投資に向けるようになった。かくして地主制は、労働力と資金の二局面において、戦前の日本資本主義の発展における資本蓄積の基盤であった。

なお、戦前の重工業化した日本資本主義のもとで昭和10年（1935年）頃には、GDP（国内総生産）の総額が米ドル換算で10兆円近くにまでなり、第二次世界大戦を展開する原資となっていった。

このような地主や資本家の収奪（小作料・低賃金）にたいし、農民たちは小作争議や労働運動、および日本農民組合等の結成により激しく抵抗したが、政府は農村経済厚生運動や治安維持法によって抑圧するなかで、日中戦争（1937年～）に突入し、1941年に太平洋戦争を勃発させた。そして1945年に敗戦となり、連合国軍（米軍）の支配下に置かれた。

## 敗戦後の日本社会と農業政策

### 克服されるべき存在としての小農

敗戦は、日本の全体社会のみならず農業・農民・農村を大きく変化させたともいえるし、すぐには変化せず、1960年代の高度経済成長期まで戦前の「伝統的小農」体制を引きずってきたともいえる。

戦後の小農は、一言でいえば、近代化・民主化を推し進める戦後社会のなかで、「克服されるべき存在」

としての小農であった。

まず、1946年には早くもGHQ（連合国総司令部）が「農地改革」政策を発表し、以降断行した。農地改革は、全耕地（約500万ha）の46％および農家の70％がなんらかの小作農家であった日本農業の根幹を変革するものであった。1945年に244万8000haあった小作地の80％におよぶ、194万2000haの農地が小作農家に解放された。

1haを超える地主の小作地は、小作農家に売却され、戦後の自作農創設政策を実施した。

この農地改革を軸に農家や農村の民主化・近代化を強力に遂行した。しかし、自作農創設は進み、小作農は急激に減少したが、農家一世帯当たりの経営耕地は平均で0・5haから0・8haへの増加であり、依然として零細規模の経営であったことには変わりはない。

また、農地解放は林野の解放には進まず、多くの山林地主が生き残った。すなわち、農地改革によって小作農は少なくなったが、農地経営の規模は「小農」であり続けた。そして、暮らしも相対的には楽になったが、きびしかった。

GHQ主導の農地解放は、主に次の3点がそのバックグラウンドにあるといわれている。第一は、アメリカが「日本が地主小作制のもとに、低賃金を武器に再び軍事的・産業的脅威になることを防止するため」である。第二は、日本の占領を開始してまもなく、「中国や朝鮮での共産主義勢力が急激に勢力を拡大し、土地改革をてこに政権を掌握しはじめていたことへの対抗」である。第三は、「日本国内における労働・農民運動の高揚と、徹底した土地改革への要求などの、国内政治情勢への危機対応」があった。

## 550万世帯による農業生産

敗戦後の社会的・政治的な大変革と農地改革という地主—小作制の解体はあったが、日本の国民の多くが「伝統型小農」の「百姓」であり続けたことは、変わらなかった。むしろ、戦後の大混乱期（社会的・

経済的・政治的な崩壊期）において、この「百姓」としての農家・農民550万世帯の農業生産が、日本国民を文字どおり食べさせた。このことは、きちっと評価されてもよい。

しかし、「伝統型小農」や「百姓」は、行政や学者からは「克服されるべき存在＝負の存在」として位置づけられた。具体的には、地主—小作制下の小農体制は、「政治的には天皇制軍国主義を誘発した基盤」であるとか「封建遺制の残る前近代的な社会経済体制」であるなどと、戦後の学術的・歴史学的な視点から指摘された。

そして、戦後の政治的イデオロギーは、明治以降の「富国強兵」という国是から軍事的強兵を取り去った、平和主義的な「富国」をめざし、ひたすら経済成長（カネもうけ）に邁進《まいしん》した。すなわち、【暗くて貧しい「百姓」＝「克服されるべき存在」としての「小農」】から離脱し、【明るくて豊かな国民＝「サラリーマン」】になることが、昭和後期の大きな社会的・国家的な目標とされた。それを奇跡的に実現したといわれるのが、1960年以降の高度経済成長である。

## 昭和後期・高度経済成長期の社会と農村

### 産業化・都市化社会への大移行

昭和後期の最大の社会変動の第一は、日本の社会が農業・農村社会から明確に産業・都市社会に変わったことである。「産業化・近代化・都市化」の趨勢が急速に力を増したのが、1960年以降の高度経済成長期である。

社会政策的には、1960年の池田勇人首相の「所得倍増計画」（国民一人一人が経済的に豊かになること）から、1962年の「全国総合開発計画」（日本の農村を工業都市・産業都市に変貌させる）を進めた。わかりやすくいえば、「百姓からサラリーマンへ」と、「農村から産業都市へ」の転換であった。

これを統計データから見ると、１９５５年に37・５％いた農業就業者率は、１９６５年に24・０％、１９８０年に12・３％、２０１５年に３・５％にまで激減し、マジョリティであった百姓・農民が、急激にサラリーマン・消費者に変わったことを示している。

現代日本のマジョリティは、サラリーマン・消費者であることを、農業関係者は深く認識する必要がある。一方、農村人口と都市人口の比率は、１９６０年頃は８：２であったが、２０００年現在では、逆の２：８にまで変貌してきている。農業・農民・農村は、１９６０年以前までは日本社会のマジョリティであったが、現代は量的にはマイノリティ集団であるといわざるをえない。

## 「農業・農民・農村」のマイノリティ化

この「農業・農民・農村」がマイノリティ化したのは、単に上からの政策誘導があったからだけではなく、下から多くの人たちが「貧しくて、伝統的で、暗い百姓生活」からの離脱を試み、行動したからである。この社会現象が、集団就職列車であり、ファッションや歌謡曲などの都市への憧れであり、サラリーマンや都会での暮らしは、実体よりも「希望の輝き」であった。

しかし逆にいえば、高度経済成長期の都市には、

福島県を出発する集団就職の臨時列車の車内（1956 年）提供・毎日新聞社

若年者の雇用労働力を急激に大量に供給する必要があり、農村の若年の男性のみならず、女性も親父も労働力として雇用され続けた。これが、民族大移動ともいえる都市化の実態である。日本の社会は、農村社会から急速に都市型の移動型社会に変化していった。同時に、農業所得よりも賃金所得のほうが高くなり、非農化することで経済的豊かさを実感することも多かった。

このような社会経済状況のなかで、「農」にかかわる農地、農作業、農民などは、格好悪くてダサいというイメージがラベリングされ、「農」は貧化されていた。また、学者・研究者も、農村の前近代性や非経済性を指摘し、「克服されるべきもの」として批判した。その結果、「百姓」という言葉は放送禁止用語にはならなかったが、マスコミ・行政のなかで自粛された。現在、みずからを「百姓」と自称する農業者もいるが、それは「農の貧化」にたいする意識的な抵抗でもあり、農民としての自己の存在証明としての言葉でもある。

## 農業基本法と兼業化の矛盾的同時進行

第二に、社会的趨勢としての農業・農民・農村への貧化・離脱だけではなく、農業界内部にも政策的に大きな変化が起こる。それが、１９６１年の「農業基本法」である。ひと言でいえば、百姓から農業生産者への転換である。

具体的には、「他産業並みの所得を稼ぐ」というキャッチフレーズのもとに農業を産業としてとらえる産業史観に、急激に傾斜していった。農業を、生活と生産が融合していた「生業」や「百姓仕事」から、所得形成（カネ稼ぎ）を第一義的な目的とする「農業経営」に転換することであり、農民を「百姓」から「生産者」に呼び変え、経営の合理性や効率性を重視した近代的な「農業経営」に転換することであった（ここに、桂三枝の百姓と農業生産の齟齬《そご》が発生した）。

具体的には、専作的規模拡大、機械化、化学化、合理化などの工業的システムを導入した。また、農民は、百姓から職業としての○○生産者と呼ばれ、生産側面だけに特化した産業人として位置づけられた。また、農政は規模拡大やコスト低減などの合理化政策を推進し、普及所や農協の指導は農業所得の向上に集中した。しかし、現実は農業所得の向上よりも、他産業就労をベースとする兼業化が進展した。

このような状況のなかで、多くの農民・農家は兼業化し、若者・後継者を都市労働者として供給し続けた（カネもうけを目標にすれば、現金収入が得られる兼業化に走り、子どもや後継者は都会に出して、サラリーマンにすることを促進する結果となった）。すなわち、「農業基本法」がもくろんだ農業の近代化や農民の生産者化などは一部成功したが、全体的には、農民（ヒト）を農業・農村から離脱させる促進政策ともなった。具体的には農家は営農と生活と稼ぎを一体としてとらえ、所得形成に農業よりも他産業を選択する兼業農家が、農家・農民のなかでは多数派になっていった。

現代でもこの兼業農家が、日本の農家のなかで実際は9割近くを占めているものと思われる。また、経営体としての法人経営よりも、家族経営的な農業を圧倒的に多くの人がおこなっている。政府は、農業からの所得形成を目的とする「もうかる農業（産業としての農業）」を、規模拡大や法人化政策などの各種政策によって強く推進した。

しかし、この生産と生活の分断と乖離は、数多くの農家の人が、「個別の農家生活上や集落維持にとっては、困難なことも多くかつ合理性を欠く場合も多い」と考えている。

一方、大変重要なことは、農水省が昭和60年（1985年）から、農林業センサスの「農業従事者」の概念を変え、「販売農家」でない人々を「農業従事者」から除外し、データとしてカウントしなくなった。だから、野菜をつくったり稲刈りなどの農作業に、汗を流している多くの人々（勤め人、老人、高齢者、消費者など）が「農業従事者」に含まれていないという、現実とは異なる統計データが横行していることを忘れてはならない。

## ただ同然だった、成功モデル⁉

この昭和後期における農家・農村の最大の社会的貢献は、特異な見方かもしれないが、日本国民の大多数を占めるサラリーマンの供給源であったことである。

堺屋太一は「団塊の世代」を、産業史観から高度経済成長の原動力として定措した。その「団塊の世代」は、どこで生まれどこで育てられたかを考えた場合、確実に農家・農村で生まれ育てられた人たち（労働力）を、ただ同然で都市に移転させて、家電製品や自動車をつくれば日本の産業界はぼろもうけした。しかし、この都市移住の労働者たちは、都市では子どもを産まなかった。そして、みずからも老いていくなかで、経済社会的展望はほとんど開けていない。

現代の安倍政権下の経済・政治的リーダーは、ただ同然であった高度経済成長期モデルを成功モデルとして、いつまでも夢を見ている。

# 平成期の社会と農的世界

## 農業・農民・農村の再評価

一方、平成期に現れた「小農」は、昭和前期の「伝統型小農」とも、戦後の「克服されるべき小農」とは、異なった実態と性格を持っている。

このことを統計的なデータで示すと、明治から昭和前期まで長らく安定していた、日本の農業の三大指標「農地面積500万ha・農家世帯数550万世帯・農業従事者数1400万人」が急激に縮小・後退し、2015年（平成27年）には日本農業の基本指標は「農地面積290万ha（42％減）・農家世帯数215万世帯（60％減）・農業従事者数209万人（85％減）」にまで変容している。このように統計的・計量的な視点から見てみると、農業・農民・農村は縮小・衰退型の生活世界と思われている。

たしかに、農的世界は数量的には完全にマジョリティからマイノリティになっていった。しかし、価値論的には急速に、さまざまな視点や分野から再評価がおこなわれている。

そして、「小農」もなぜかマスコミや社会から注目され、里山資本主義や田園回帰などというフレーズでの田舎暮らしが再評価されている。すなわち、現代人の多くが、産業化・近代化・都市化され続ける現代社会にたいし、急激に不安と閉塞状況を感じ始めている。大きく言えば、地球規模の不安である。そして、心ある人々から、農業・農民・農村の再評価が、人類存続の可能性を秘めた営みとして期待され始めている。

具体的な社会の動きとしては、都市化が起こした「過疎問題」や産業化が起こした「公害問題」、そして有吉佐和子の著書『複合汚染』から明確になり始めた「食と農」の安全性の崩壊などの〈産業化・近代化・都市化の負の遺産〉が発生した。この負の遺産にたいする現実的な対応を「自覚的小農・抵抗型小農」が、減農薬運動・有機農業・合鴨農法・農の6次産業化・道の駅・体験農業など、さまざまな具体的な抵抗運動として実践的に活動してきた。

この埋もれていた社会現象を明確に浮上させたのが、2016年の「小農学会」の設立であった。また、2018年の「小農と農村で働く人びとの権利に関する国連宣言」が追い風となっている。

この現代の小農を、「伝統型小農」や「克服されるべき小農」にたいして、平成期の「希少型小農」と呼びたい。

## 自覚的小農が希望の架け橋に

この「希少型小農」というのは、次のような観点から整理しておきたい。まず第一は、数としての希少性である。農家の世帯数から見てみよう。明治初期には全世帯の90％が農家であった。大正9年（1920年）でも、農家率は49・3％であった。1960年の9・4％から2015年の4・0％まで、急激に減少している。

同じように、農業就業者数も１４００万人前後いた農業従事者が、現在（２０１８年）では１７５万人まで減少している。すなわち、農家世帯および農業従事者は現代の社会では、マジョリティから急速にマイノリティに縮小している。かかる意味で、農業にかかわる人は「希少種」である。かつてのように、石を投げれば農家・農民に当たっていた時代とはまったく違う。

しかし、現代の農業者は非常に自覚的存在である。かつてのように、家が農家だから、親が農業をしていたから農業をおこなっている者はほとんどいない。農業と自分の人生、農業と自分の家族、農業と自然環境や地域社会、農業の持つ経済性などをかならず考える。すなわち、農業を自覚的に哲学している「哲学百姓」だけが農業をおこなっている状況である。言葉は悪いがエリートでなければ農業はおこなえない。

だから、かつての大多数の「ものいわぬ農民」から、少数の「考える農民」に変身したのかもしれない。これが第二の、平成の「小農」の特徴である。

また、「伝統型小農」や「克服されるべき小農」からワープして、都会人や消費者になった人たちのなかにも、「抵抗派」・「希少種」の人々がいる。

現代の「飽食と農の疲弊」や「経済発展と環境破壊」、「都市化と人間性の排除・孤立」などの問題を根源的に考え始めた人にとっては、「農」は非常に魅力的な実践的世界でもあり、未来への希望の架け橋として立ち現れてくる。このような人たちを「希少種型小農」と呼び、「抵抗型小農」と合わせて「希少型小農」を形成している。

この分類はあくまで理念型であり、実体は非常に多様で複雑な形態を持っている。

たとえば、東京の練馬で体験農業農園を展開している白石好孝氏（「大泉　風のがっこう」）は、わずか１.８haの小規模農家でありながら「超大規模農家」である。農地が大規模なのではなく、体験農業者（都市人・消費者）という小作人（農作業者）を１００人超えで持っている。すなわち、多くの体験農業者が年間4万3000円の体験農業料を納め、0・5 haの体験農園を維持すると同時に、白石農園の1・3 haの自作農地を維持している。そして、多くの消費者・市民と「食と農」の交流をおこなっている。農の根元的な多元性を展開している

白石氏が20 haの農地を持っていたら、このような展開はまったく不可能であり、米をつくることが精いっぱいだったかもしれない。このように現代では、多様な形態の「小農」が存在している。

## 家族・世帯の絆を呼び覚ます「小農」

### 家族＝世帯ではなくなった

最後に、平成から令和という時代に変わり、平成を産業史観的な「リーマンショック」や「失われた10年」などとマスコミが総括していたが、平成期の最大の特徴は、「家族・世帯」の変容、崩壊がもっとも重大な事柄である。すなわち、日本の社会の根幹である基礎集団（家族・集落）の基盤が、農業・農村社会の変容に対応できず、社会基盤の再生ができないまま、さまざまな社会的な根源的課題（老後問題・介護問題、教育問題、近隣関係、婚姻率の低下、出生率の低下など）を引き起こしている。ひと言で言うと「世帯は家族ではなくなった」のである。このことをデータから見てみると、次のようになる。

**図3―1**は、1920年（大正9年）の第1回国勢調査のときから1955年、65年、85年、2000年、2015年の各年次の世帯員数の割合の推移を示したものである。この図表の変化が、産業化に伴う社会移動が家族や世帯にどのように影響を及ぼしているかを、如実に示している。

わかりやすく解説すると、1920年から1955年までには世帯員数は3人から8人が多く、5人世帯がもっとも多いまんなかが膨らんでいるグラフであった。このことは、祖父母・父母・子どもたち（4～5人）が同じ農家に居住して生活し

ており、世帯＝ほぼ家族と考えてよかった。この状態がほぼ１９５５年まで続いている。

**図 3-1　人員別世帯数割合の推移**

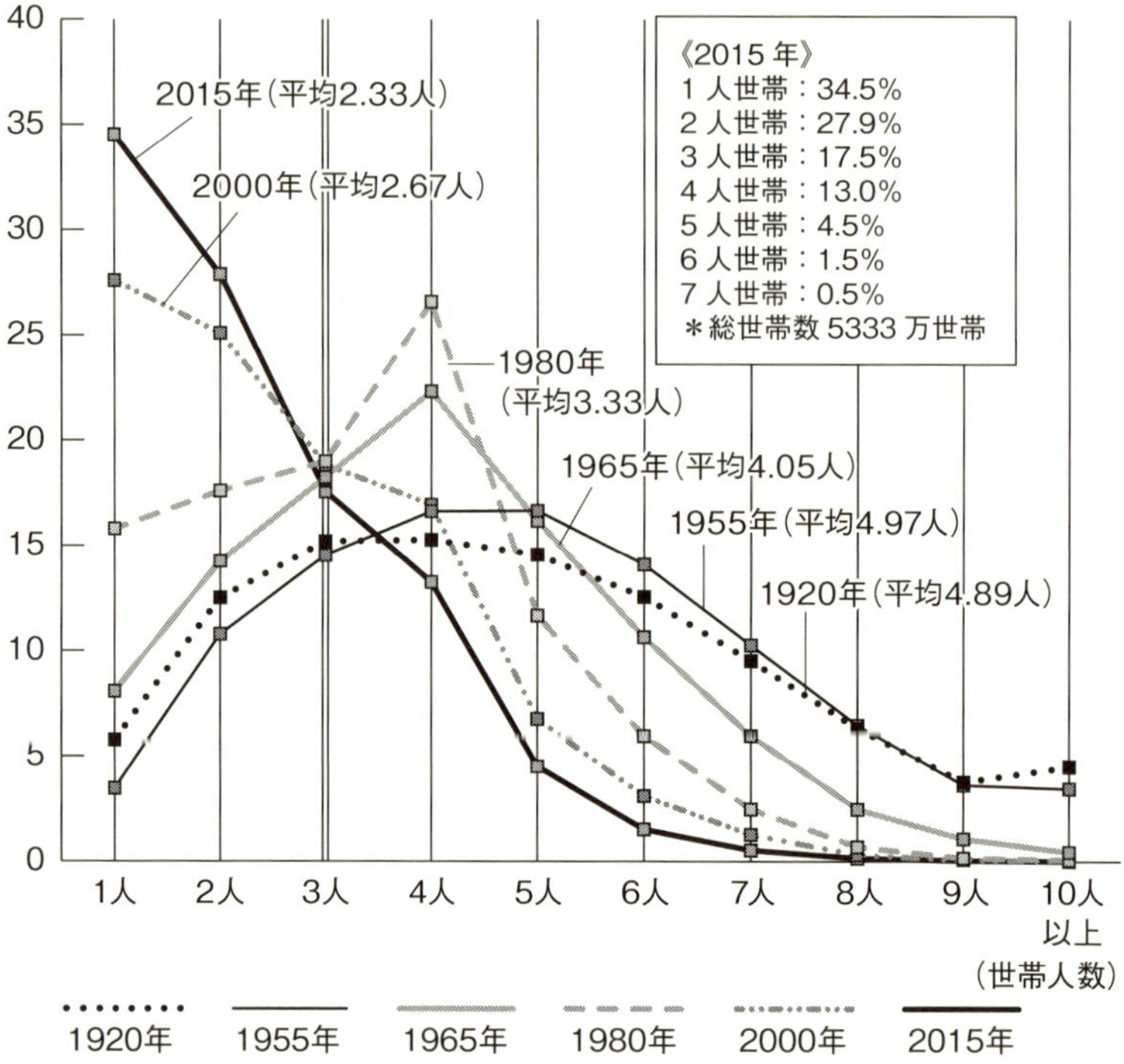


※国勢調査より作成
1920 ～ 1965 年は「普通世帯」、2000 年以降は「一般世帯」の値を使用

しかし、高度経済成長が始まってくる１９６５年には４人世帯がもっとも多く、急速に７～８人世帯が減少し始める。これが、核家族化といわれる状況を示しており、農村から多量の若者や壮年層が都会にサラリーマンとして流出してきた社会状況（高度経済成長期）を示している。

なお、忘れてならないのは農山村に残された世帯である。残った父・母と祖父母もしくは子どもたちとで、かつての大家族型世帯（８～10人）ではないが、４人くらいの小規模世帯を数多く形成していた。核（小）家族化は、都市のニューファミリーだけで起こったのではない。農村にも起こったのである。しかし、まだ世帯＝家族の形は若干ながらも残存していた。

２０００年になるとまったく状況が変わってくる。１人世帯・２人世帯が

近年、消費者も「援農・縁農」などに参加して汗を流す（なないろ畑＝神奈川県大和市）

25％ずつになり、３人世帯を加えると全世帯の３分の２が３人以下の世帯に変わっている。さらに、２０１５年には１人世帯が34・5％、２人世帯が27・9％と２人以下の世帯が３分の２を占め、３人世帯の17・５％を加えると８割の世帯が超極小化した世帯構成となっている。このことは社会を形成するなかで非常に重要であり、歴史的な大変動なのである。すなわち、「世帯＝家族ではなくなった」ことを示しているのである。

## 小農への憧れと自立的な暮らし

しかし、いまだに「世帯＝家族」だと思っている昔ながらの認識が社会的常識として流布しているのが最大の問題である。１９２０年代に世帯を通じて家族だと思っていた形態は、大きく変化した。具体的にいえば、若い人たちは大学や就職で都会に行き、アパート、マンションで一人暮らしをしている。

また、壮年者は地方都市で夫婦と子どもの核家族を営み、さらに高齢者は実家の農村に残り、年寄り夫婦もしくは独居高齢者として暮らしている。すなわち、祖父母・父母・子どもの形態が三つに分裂し、別々に暮らしている形に変わった。大きく変わり、家族が同居して暮らしているということがなくなったのである。

これが、われわれ現代人の日常生活の現実であり、令和の社会構造の現実なのでもある。そして、「農」や「小農」にたいする現代の憧れは、変容しつつある「家族・世帯の変容」にたいして、もっとも直接的に強く感じている人々が多いのである。すなわち、「小農」といわれる人々や集団には家族がかならず近場におり、つながり協力しあう近隣の人々もいる。そして、「小農」は「家族・世帯」の絆を呼び覚ます装置なのでもある。また、人々が「小農」に憧れるのは、自立的な暮らしができるのではないかという希望や、実際に努力している人々が現実にいるという事実性にたいする評価である。このような「未来の種を耕す人々」にたいする憧れでもある。

以上述べてきたように、「小農」の定義は、昭和前期の「暗くて貧しい百姓としての伝統的小農」から、戦後から昭和後期の政策的に「克服されるべき存在としての小農」、そして平成期の「考え・抵抗する小農」および「希望の種型小農」まで、この100年でドラスティックに実態や意味が変わってきた。

また、分析の基準も、①数量的なマジョリティから少数派への移行、②政策的な目標としての基準、③社会的評価や価値論的な基準等、「小農」の評価は時代や基準によってさまざまである。だから、冒頭に「小農」の定義は「わからなくてもよい」としたのである。

ただ、「小農」はこの100年間、実体としても価値目標としても存在していたことは、事実である。そして現在も、確固として存在している。

## 第4章

# 多様性・持続性こそ
# 小農の真骨頂

地域の子どもたちによる田んぼの生き物調査（福岡県糸島市）

# 大は小を兼ねず
## ～多様で小さいから工夫ができる～

合鴨家族古野農場（福岡県桂川町）
**古野 隆雄**

私は1978年頃から、家族で有機農業に取り組んできました。それは一期一会の力に生かされた、多忙で楽しい試行錯誤の日々でした。以下はその技術的報告です。

私の有機農業の目的は三つ。家族のために安全でおいしい農作物を自給する。同じものを消費者に届ける。家族でいっしょに働く。この目標が最初からあったわけではなく、実践のなかで自然に、この三つになりました。

## 私の経営の概要

### 百姓百作

最初の頃は先祖伝来の2haの田んぼで、1.4haで稲、0.6haで多様な野菜をつくっていました。その後、わが家にも「田んぼをつくってください」という依頼がくるようになり、経営面積が少しずつ増えてきて、仕事を終わらせるための創意工夫が必要になりました。

現在の経営は合鴨水稲同時作7ha、多種多様な野菜3ha、小麦2ha、裸麦30a、果樹（イチジク、柿）、山でシイタケ、タケノコ、自然卵養鶏300羽、合鴨雛《ひな》4000羽（1400羽自家用、残りは販売）、農産加工（みそ、漬け物、米酢、ソース、餅、小麦粉、米粉、ジェラート……）。

以前は「レンコン以外、なんでもつくっています」と言っていましたが、今ではレンコンもつくり、花も喜ばれています。

もちろん、自給のためだけにつくるものもあります。イチゴは収穫後の田んぼにマルチを張り露地で、宝交早生《ほうこうわせ》という昔の品種を1000本くらい植えます。4月、5月のイチゴの旬に、甘酸《かんさん》適和したイチゴを孫たちに田んぼで腹いっぱい食べさせます。

2019年はバナナに挑戦。マイナス6℃まで耐寒性のあるバナナです。田のあぜにバナナを植え、合鴨を泳がせ、孫たちに食べさせてみたいものです。百姓の楽しみです。

## 田んぼの多様な生産力

長年、田んぽの3分の1で野菜をつくり、3年つくったら水田に戻し、別のところで野菜をつくる水田輪作を続けてきました。また、秋9月、早生稲の収穫後の田を耕し、小麦、ジャガイモ、タマネギ、多種多様な秋冬野菜をつくり、6月水田にして稲を植え、合鴨を放す。これも水田輪作です。

現在、水田面積が増え、畑も借りていますが、ほとんどの野菜を水田輪作でつくっています。畑ではサツマイモやニンジンをつくっています。

環境がまったく異なる湛水状態と畑状態を組み込んだ水田輪作は、連作障害や病気や害虫の発生を少なくする有機農業向きのシステムです。

ただし、一般的に稲刈り後の水田は、乾田状態にしても、田植え前の代かきで形成された不透水層があり、水の縦浸透が悪く、乾きにくく、野菜の生育が悪いのです。

さらに就農直後は基盤整備で重機で踏み固められ、ますます乾きが悪くなり、野菜づくりに苦労しました。2003年の頃、県南の友人がプラソイラーというトラクターに着ける犂《せい》を貸してくれました。これで一件落着。不透水層が破砕され、田んぼが信じられないくらい乾くようになりました。

私はすぐにプラソイラーを購入。不透水層を壊しました。すると、どの田んぼも乾くようになり、野菜栽培が容易になりました。堆肥をいくら投入して土づくりをしても乾かなかった田んぼが、プラソイラーで劇的に変わりました。乾くことは、大切な技術的要素です。

図4-1　輪作と同時作の統合

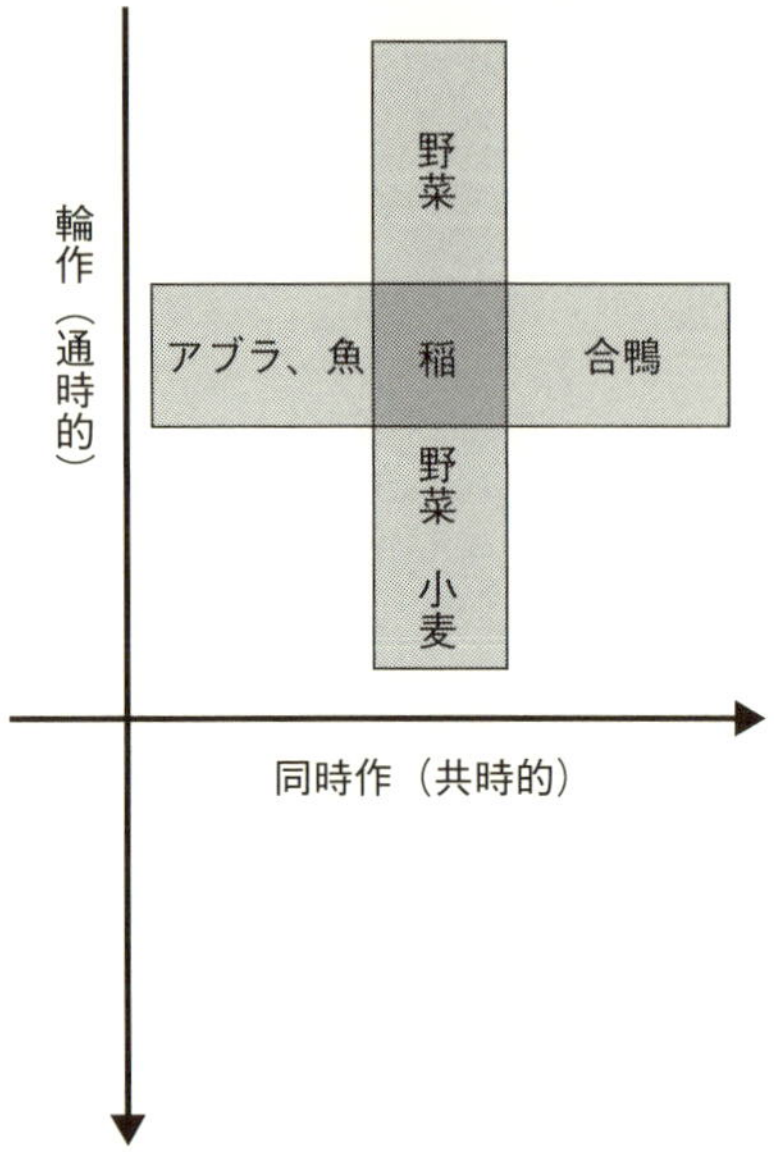


「輪作」は四季の巡りに沿って、多様な作物を通時的に栽培していく方法。「同時作」は同時共栄的関係を保ちながら共時的に作物を育てていく方法。両者は相補的関係です。実際、水田輪作と合鴨水稲同時作を組み合わせると、**図4—1**のように田んぼは限りなく豊かになります。田んぼの多様な生産力です。

## 家族で働く

私たち夫婦は5人の子宝に恵まれました。私たちが働いてる傍にはいつも子どもたちが遊んでいました。子どもたちにとって遊びと手伝いの境界はなく、気づいたら手伝っていたのだそうです。

長男が1年生になったとき、長男と次男に、鶏と合鴨の世話を任せました。任せると、いろいろなことを深く認識します。長男が小学4年生のとき、家族で海水浴に行きました。海に沈む夕陽を眺めていると「あっ、ニワトリに餌をやらないかん」と言いました。

子どもたちが高校生になると私は言いました。「自分の好きなことをしなさい。30歳になったら、手伝ってきた有機農業と自分のやろうとしていることを比較して、なにをすべきか決めなさい」と。

この言葉が功を奏したかどうかわかりませんが、いくつもの縁が重なり、３人の子どもたちがいっしょに有機農業をしています。現在の労働力は私たち夫婦、長男夫婦、次男夫婦、次女、19歳の研修生です。みんな近くに住み、毎朝6時30分に来て、いっしょに朝食をとり、いっしょに働きます。

するべきことが、いろいろあり、親子でいっしょに仕事ができるところが、百姓百作の有機農業（小農）のすばらしい点かもしれません。

## いのちの触れ合いの流通

つくり方に応じた流通があると思います。私たちは長い間、昼間農作業をして、夕方から子ども一人を連れて、軽トラックで、提携している消費者のところへ野菜の配達に行きました。天候や作業によっては、出発が8時頃になることもありました。そんなとき、「忙しかったやろ。私も若いとき、遅くまで働いたとよ。これ食べなさい」と言っておにぎりとお茶を手渡されるお客さんがいました。

私たちは配達先で、農業、子育て、環境問題など、いろいろな話をしました。同時に、お客さんのさまざまな人生を聞かせていただきました。配達は単なる物とお金の交換ではなく、いのちの触れ合いの大切な時間であったような気がします。

現在、配達はすべて子どもたちに任せています。長男は博多、次男は飯塚、直方《のおがた》、田川に配達しています。私たちは給料を払えませんので、子どもたちはそれぞれの売り上げで生活しています。

次女は飯塚の商店街や博多の公園等いろいろなところでマルシェ（市）を展開しています。バスに乗ってお菓子を持って、次女が開くマルシェに通ってくる人がいるそうです。お客さんの大半は老人ですが、若い人もいます。

インターネット、スマホ、通販の時代だそうですが、「いのちの触れ合い」を求めている人は少なくない気がします。

## 雑草とのかかわり方

### 有機農業のネック

大観すれば、私の仕事の大半は雑草防除でした。以下は私の雑草とのつきあい方です。

一般的に、水田や畑の作物は、管理の都合上**図4―2**のように列状に播種、定植されます。

この列を条、条と条の間を条間、条間の除草を中耕除草といいます。条間は作物のない空間なので鍬や管理機やトラクターで比較的容易に、連続的に除草できます。機械化も可能です。

一方、条に沿った作物と作物の間を図4―2のように「株間」といいます。ここでは作物と隣接し絡みつくように雑草が生えています。管理機のように、刃が回転する機械で作物を傷めずに、雑草だけを選択除草することはできません。機械除草は至難の技です。私自身40年近く、そう思い込み三角鍬と手で雑草と作物を見ながら慎重に除草してきました。世界じゅうの小農がそう思い込み、そうしているのではないでしょうか。

除草とりわけ「株間除草」こそ有機農業、いや農業のボトルネック（難関）ではないでしょうか。

図 4-2　中耕除草と株間除草

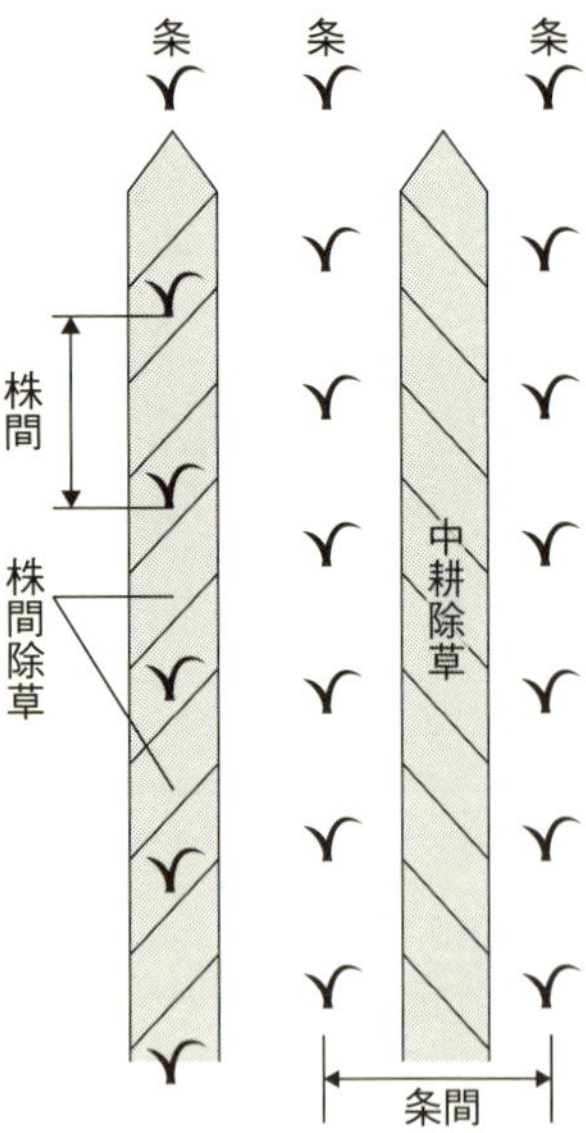


### 水田の除草

有機農業を始めて10年間、私は１・４haの水田で有機稲作に挑戦。除草に苦労しました。二度代かき、深水管理、錦鯉の放流、カブトエビ……。いろいろな水田除草法を試みましたが、どれもうまくいきませんでした。

結局、手押しとエンジン付きの中耕除草機で丹念に中耕除草。残った株間の草は援農の消費者と黙々と手取りをしました。しかし夏野菜の収穫や手入れと重なり、草取りが遅れると、株間にコナギやウリカワやノビエが繁茂し、抜きにくくなりました。夫婦で朝４時から夜９時頃まで除草しても、雑草に負けました。株間の除草がネックでした。

## 合鴨と出会う

１９８８年梅花香る2月、近くに住む自然農法の指導者野見山末光さんから富山県の置田敏雄さんが書かれた「合鴨除草法」という、メモをいただきました。一読して、成功を確信しました。稲の株と株の間をフルタイムに縦横無尽に泳ぎ回る合鴨にとって条間も株間も関係ないと思ったからです。

置田さんのメモに従い30ａの田を網で囲み、１００羽の合鴨の雛を放しました。効果は歴然。条間にも株間にも草はほとんど生えず稲が美しく育ちました。毎朝田んぼに行くのが楽しみでした。合鴨に農業のおもしろさを教えてもらったのです。

ところが8月のある朝、田んぼに行くと犬が網のなかから悠然と飛び出してきました。野犬に合鴨が襲撃されたのです。

私は置田さんに電話をかけ相談しました。「野犬が多いところでは合鴨除草法は無理」といわれました。私は落胆しました。しかし、他に方法がなかったので「犬は日本じゅうにいる。犬に勝てば、雑草に勝てる」と考え、犬との闘いを始めました。広い田んぼで、簡単に犬から合鴨を守る方法を人に尋ねました。本で調べました。誰一人教えてくれませんでした。

結局、自分で考えました。網の高さを高くしたり、あぜの少し内側に張ったり、キュウリネットやノリ網を張ったり、合鴨の避難場所をつくったりしましたが、合鴨ハンティングに魅了された野犬には無力でした。2年目には100羽放した合鴨が翌朝90羽咬み殺されている状態でした。

万事休す。諦めかけていたときに、山のなかでサトイモをイノシシから守るために張られた電気柵を偶然目にしました。私の心に電気が走りました。電気柵を取り寄せ田んぼに張ると、犬の来襲はピタリと止まりました。

その後、対照区をつくり、合鴨効果を地元の農業改良普及員さんと調べました。多面的効果がわかりました。これは単なる除草技術というより、稲作と畜産の創造的統一と考え、「合鴨水稲同時作」と呼びました。その後、合鴨君はアジアを中心に世界じゅうに泳いで行きました。おもしろいことに、現在、アメリカ北部やカナダの小さな稲作農家で合鴨水稲同時作が広がりつつあります。世界じゅうで、合鴨が泳いでいる風景を想像すると楽しくなります。

水田稲の株間除草問題は、合鴨君がみごと解決してくれました。ではなぜ合鴨は、稲は傷めず雑草だけを選択除草できるのでしょうか。

田植え前にていねいに代かきして、雑草を土のなかに埋めこみ、田面を均平にします。きれいな状態で播種後30日くらいの大きな苗を田植えします。このとき、雑草はまったく出芽していません。

田植え後1~2週間で雑草が出芽してきます。稲の苗にくらべると、弱小で、土壌表面直下から細くて短い根を広げています。

一方、田植えされた稲は、深さ3㎝くらいのところから太くて長くて丈夫な根を広げています。

田んぼに放した合鴨君は、雑草を食べ、その種も食べ、出芽した雑草は、嘴や水かきで泥水をかき回し、浮き上がらせたり、泥のなかに沈めたりします。また濁水で雑草の生育を抑制します（図4—3）。

一方、稲の苗は圧倒的に丈夫で、小さな合鴨がかき回しても大丈夫です。ちなみに湛水状態では、たいていの雑草は深いところから出芽することができません。この雑草と稲の違いが重要です。田植え方

図 4-3　合鴨田の稲と雑草

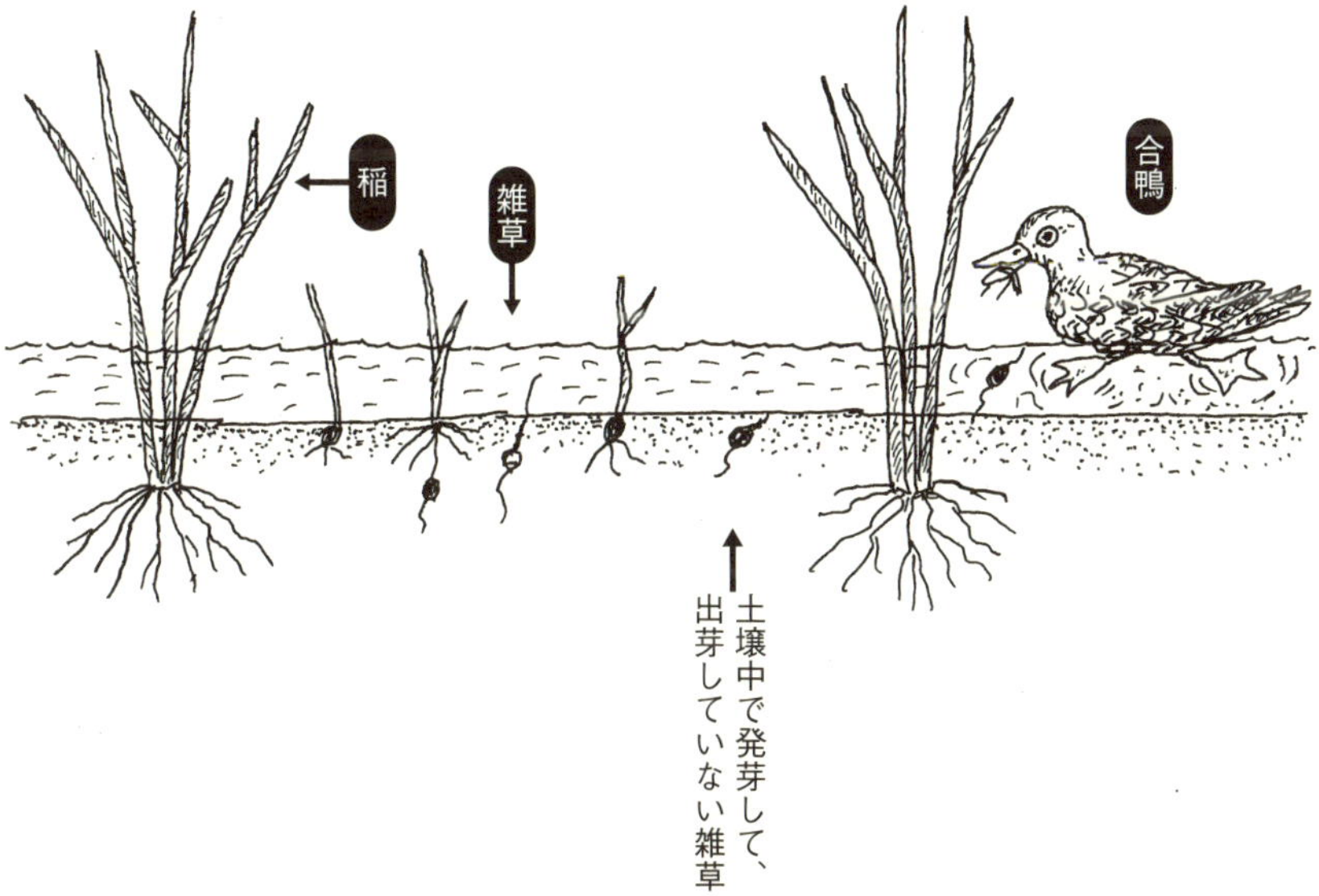


式は本当にすぐれた除草システムです。

## 合鴨乾田直播にトライ

有機農業は安全で、おいしく環境適合的に作物が生産されるが、雑草や害虫等、自然へのこまやかな対応が不可欠であり手間がかかる。これは有機農業の一般的理解ですが、有機農業の技術を、手間暇がかかると固定化している点が気になります。有機農業の技術も少しずつ発展しています。

私も２００３年から有機稲作の省力化をはかるため乾田直播と合鴨水稲同時作を結合した、合鴨乾田直播に挑戦し、七転八倒を続けています。

最初は、乾田直播した稲が適当な大きさになった頃、湛水して、合鴨を放せばうまくいくと単純に考えていました。

実際は違います。乾田状態で出芽した雑草は、その後湛水して合鴨を放しても根をしっかり張っているので簡単には抜けないのです。もちろん、湛水後に出芽してきた雑草は合鴨で防除できます。

２００７年から、協同開発を続けている福岡県の八女郡広川町の農機メーカー、オーレック社の開発部のおかげで、乾田中耕除草機は比較的容易に試作機が完成し成果が上がりました。

しかし、「乾田株間除草」は、その原理すらわかりませんでした。稲は傷めず、雑草だけを取る選択除草ができないのです。試行錯誤の末、私がたどりついた方法は、直径６㎜くらいの鉄の棒を並べ、クシ状にして、斜めに管理機につけ、稲の株元に突き刺しながら、梳《す》くように株間除草していく方法です。これでそれなりに除草できましたが、１００ｍに３度くらい、地面に深く突き刺さり、稲を抜くトラブルが発生していました。乾田株間除草は暗礁に乗り上げていたのです。

## ホウキング

そんな状況のなか、２０１６年２月、埼玉県さいたま市で農研機構主催の水田除草機発表会が開催され、私は妻とオーレック社のスタッフと３人で参加しました。乾田と水田では除草の条件も方法もまったく違いますので単純な比較はできませんが、公的研究機関の、総合的な技術力に圧倒されました。「私たちもがんばりましょう」とオーレック社のスタッフに言いました。帰りの新幹線のなかでも考え続けましたが、グッドアイデアは浮かびません。

「お父さん。除草機できなかったら、僕がして、僕もできないで、隆平（孫）がつくらねばならなくなるばい。ヨーロッパの会社が画像処理とＡＩ（人工知能）で作物と雑草を判別し、株間除草をする機械を販売しているばい。買おうや」。「いくらか」。「５００万円」。「お父さんがつくるばい……」。帰宅した私に長男が発破をかけました。

翌朝は晴れ。私は麦の除草をするために、倉庫にオーレック社の試作機を取りにいきました。そのとき、壁に架けた一本の松葉ぼうき（鉄製くま手）が目に止まりました。軽いので土に刺さったとき、簡単に持ち上がると思ったのです。

すぐに、小麦畑で試しました。小麦は傷まずに雑草が抜けました。選択除草ができたのです。松葉ぼうきの針金はバネ鋼（スプリングスチール）なので弾力性があり、引っ張っていくと、上下に揺動しながら進み、地面に深く突き刺さらないのです。しかし、ほうきなので当然、わらや草をかき集めていきました。

私はバネ鋼の特性に魅了され、試行錯誤の末に、４本の松葉ぼうきを組み合わせて、写真のような揺動式株間除草機をつくりました。名前はホウキング（ほうきing）。ホウキングで除草することもホウキングです。名詞と動詞です。

揺動式株間除草機ホウキングで除草

## ホウキングによる株間除草

### ホウキングの原理

**斜に構える**　最初の頃、私は松葉ぼうきの針金の部分を柄から見て、左右対称に放射状に広がる形で、その中心を作物の条に合わせて引っぱっていました。

すると、株間だけに草が多く残りました。作物があるので、株間除草は無理なのかと私は思いました。家に帰って、研修生がスマホで撮った動画を見て、すべてがわかりました。

中心の針金は柄の延長線上にあり、ほとんど左右に揺動せず、中心から傾いた針金ほど激しく左右に揺動していました。中心の針金が左右に揺動しないので、株間に草が残ったわけです。

そこで私は前頁の写真のように6本の針金をすべて左に偏らせました。するとすべての針金が左右に揺動し、まんべんなく、きれいに株間除草ができました。斜に構えることが大切です。ホウキングの技術的特徴です。

**四連構造**　当然、針金と針金の間隔が狭いほど除草効果は上がりそうですが、実際は違います。狭いと、作物の茎葉が挟まったら、わらや草を引っぱり、作物を倒したり、抜いたりします。

間隔が広すぎると、作物は傷みませんが、雑草が残ります。

どうすればいいのでしょうか。この矛盾を多連構造が一刀両断しました。ホウキングの針金の間隔は6㎝。初期の小さな作物は容易に通り抜けます。

四連の針金は、相補的に配置していますので結局、6／4＝1・5㎝間隔に針金を配置したことになります。ホウキングすると、針金はこの1・5㎝を補修するように左右に揺動し、根の浅い雑草を抜いて行きます。

**選択除草**　播種後1〜2週間もすれば作物は土の中から芽を出します。雑草も同様に出芽します。**図4—4**に初期の雑草の根の状態①〜⑤のタイプを示しましたが、初期の雑草は作物にくらべて茎葉は小さく、根は弱小、短小。しかも土壌表面直下のごく浅いところから細い根を下ろします。

これは毎年耕起する耕地に生える一年生雑草の特徴です。一年生雑草は種子が小さく、一般的に深いところから出芽できないのです。

一方、稲、麦、大豆、キュウリ、ホウレンソウに代表されるように、栽培作物は種が大きく、茎葉は丈夫で、根も丈夫で、しかも雑草とくらべて、やや深い3㎝くらいのところからしっかりと根を張っています。ホウキングはこの作物と雑草の根の違いに着目して、技術を組み立てています。

ホウキングで株間除草をしていくと、針金の先端は深さ1㎝を中心に、上下、左右、前後に、音を立てて揺動しながら雑草の根を引っかけ、引き抜き、

図 4-4　初期の雑草の根と作物の根の状態の違い

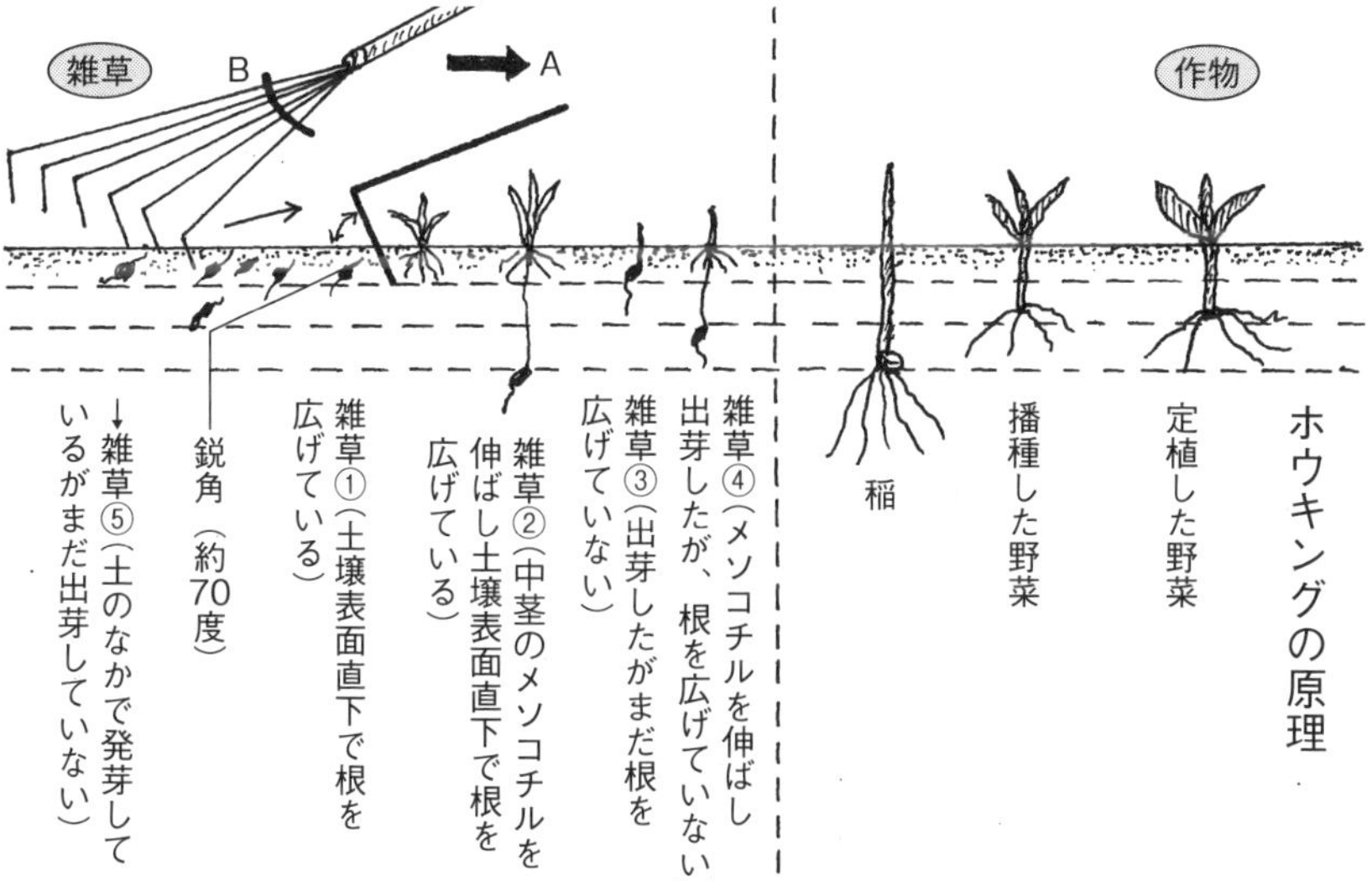


土ごと動かし、土のなかに埋めこみます。

さらに重要な点は、ホウキングは、見えない草を取っている点です。私たちはいつも目に見える草だけを問題にしていますが、雑草が出芽したとき、図4―4の雑草⑤のように土のなかで発芽はしていますが、出芽はしていない、雑草のもやしがいっぱいあります。発芽期から出芽期までの雑草は赤ちゃんで、環境の変化にもっとも弱いのです。つまり、この時期は、除草の最適期、ホウキングで攪乱され容易に除草されます。

ホウキングは同時に、雑草の発芽を促します。1週間置きに4回ホウキングすれば、土壌中の雑草の種子が少なくなり、その後の雑草の発生は激減し、土がフカフカになり作物の生育もよくなります。

一方、作物は図4―4のように、深さ3㎝くらいのところから太くて丈夫な根を、しっかり広げていますが、深いので針金の先端が作物の根を引っかけることはありません。動画で見ると、よくわかりますが、針金が左右に揺動していますので、作物の茎を押していくこともありません。作物が、しなやかにホウキングをかわしている感じです。

## ホウキング2019モデル

従来のホウキング（ホウキング1）一機をつくるたびに48（12×4）本の針金を切断しました。利用できない針金が残りました。もったいないので、その利用を考えました。

写真のように、4本の角材にドリルで穴を開け、針金を通し、また釘でしっかり固定します。これを台となる板に蝶ネジで等間隔に固定し、長い柄をつけます。ホウキング2（2019モデル）です。

長い柄を取り付けたホウキング2

これはシンプルです。だから多様なことができます。ホウキング1とホウキング2の本質的な違いは、針金の形です。

ホウキング1は松葉ぼうきを利用しているので針金が放射状に広がり、土に刺さる深さに微妙なばらつきが生じるようです。

一方、ホウキング2は台の板にたいする4本の角材の角度を同じにすれば、すべての針金が平行になります。だから、土に突き刺さる深さのばらつきが少ないのです。ゆえに、工夫すれば浅いホウキングが可能です。安定的に浅いホウキングができれば、超初期＝作物本葉1枚くらいのときのホウキングができそうです。超初期のホウキングができれば、雑草に圧勝できます。

従来のホウキングは**図4―5**のように、作物が本葉3枚くらいになり、根がしっかりしてきた初期から始めていました。このとき、数は少ないですが図4―5の雑草Bのように、すでに大きくなり過ぎて、抜けない草がありました。

作物の本葉が出始める超初期にホウキングできれば、雑草は図4―5のAのように極小なので、完璧に近く除草できます。

ただし、この時点で作物も小さいのでホウキングは、1㎝より浅くしなければなりません。この春以来ホウキング2を改良し、超初期ホウキングに挑んでいます。発展途上ですがおもしろい結果が見えてきました。

図4-5　超初期と初期の作物と雑草

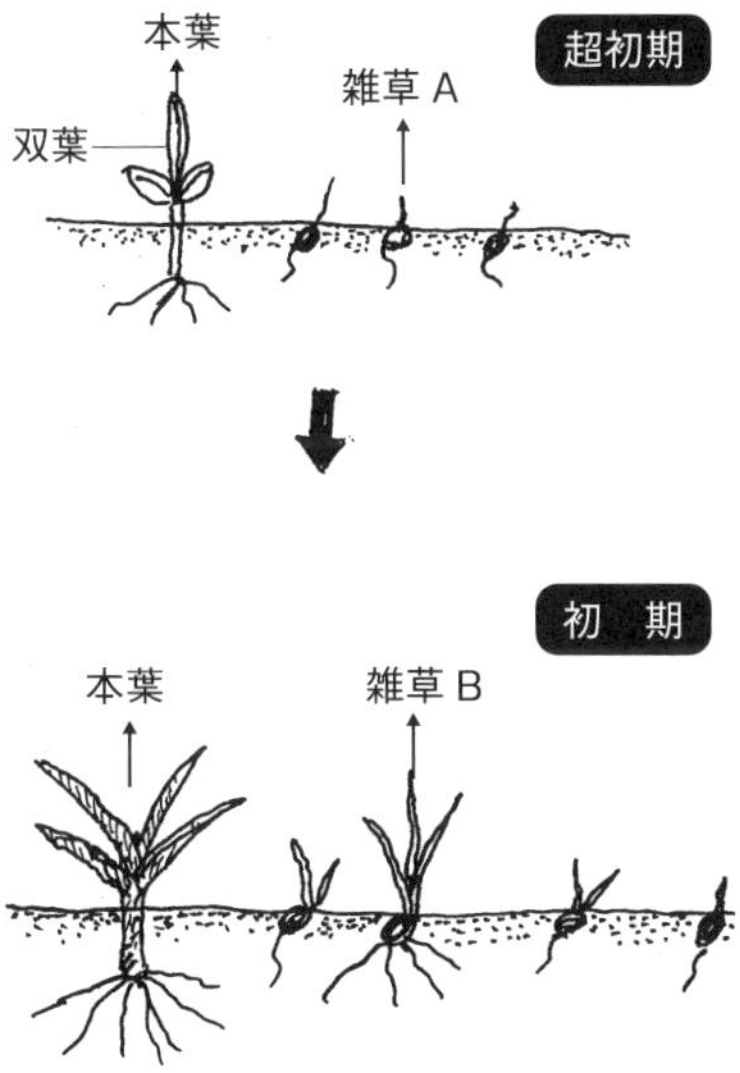


## 野菜のホウキング

すでに書いたように、私は2016年2月以来、乾田直播の稲の株間除草のため、ホウキングを考案し、小麦や稲で試しました。

その年の秋9月、「野菜でもホウキングしてみましょう」とオーレック社の開発部のスタッフと研修生に言いました。みんな、心配そうな表情でした。

キャベツや大根の株間除草をホウキングでしてみると驚くほどうまくいきました。

手除草と三角鍬で、株間除草は100m2時間かかっていました。条件がよければホウキングで、100m1分で終わります。カブ、ゴボウ、コマツナ、ネギ、ニンジン、ホウレンソウ、シュンギク、タマネギ、ニンニク、ニラ、ジャガイモ、レタス……。あらゆる種類の野菜で試してみました。

稲や麦と違い、野菜は形や生態が多様です。多様な野菜で、ホウキングすると、稲や麦では気づかな

ホウキングを使用した畑でホウレンソウを収穫

かったことが見えてきます。わからなかったことがわかると今まで気づかなかった問題が見えてきます。

ホウキングの特徴の一つは、100分の1の省力性と多種多様な作物に適用できる汎用性にあります。私は稲の株間除草から、野菜の雑草防除、株間除草に踏み込んでしまいました。

有機農業という私の仕事がますますおもしろくなりました。技術の自給です

※ホウキングの動画がわが家のホームページ、ユーチューブで見られます。
aigamokazoku.com か古野隆雄、ホウキング、株間除草で検索してください。

# 一般消費者・若者たちとともに農的暮らしを楽しむ

むすび庵（福岡県筑紫野市）
八尋 幸隆

## わが家の小規模農業の始まり

### 開墾と買い足しの田畑

わが家の百姓としての歴史はそれほど長くない。次男坊だった祖父が分家して小農というより極小農としてやり始めたのが起源である。いわば祖父が今でいうところの新規就農したようなものである。

当然自分の所有する田畑はほとんどなく、生活を切りつめた金で田畑を買い、一時的には他所に夫婦で養子に入ったりして格闘してきたと聞いている。また、戦後の食料難の時代には雑木林を一定期間内に開墾すれば安く払い下げてもらえるというので、ひたすら手で開墾して畑にしたという。その畑が今わが家の主要な畑として活躍している。

その後もひたすら刻苦勉励して田畑を買い足し、なんとか一般的な百姓と同じくらいの規模の百姓になることができたのである。田畑合わせて約2町ほどである。これもすべては子や孫が百姓として安寧に暮らせるように、という一心からである。祖父母はまさに捨て石になって私につないでくれたと感謝するばかりである。

## 骨身を惜しまず働く

小さかった私はその苦労のすべてを知る由もないが、それでもその一端を肌で感じながら過ごしてきた。私の百姓としての最初の師匠である祖父は合理性には少し欠けるところがあったが、作物や家畜の声なき声に耳を傾け、そのために骨身を惜しまず働くという点においてはすばらしかった。とくに役畜でもある牛を可愛がった。

幼少の私は地域の牛の品評会にもたびたび連れていかれた。亡くなる3日前まで病室で愛牛の心配をした。夏は毎日田んぼに出て鎌できれいにあぜ草を刈った。時折腰を伸ばして田んぼの景色を眺めては悦に入っていた。

このあぜ草をリヤカーで取りにいくのが私の夏休みの日課であった。今ではまったく通用しない考え方かもしれないが、これをやったらいくら稼げるか金になるかというのではなく、作物や家畜がどうしたら喜ぶかを先に考えるといったふうだった。今の「時給」農業の考え方とは対極である。

## 家族それぞれの役割

こうして小さいときから百姓暮らしにとっぷりと浸かって過ごすことができたのは、大変幸せなことであった。なにより子どもにもきちんとした役割があり、それなりに評価されていたからである。

年寄りには年寄りなりの、働き盛りには働き盛りなりの、子どもには子どもなりの役割があり、それらがハーモニーをなして暮らしが成り立つということを体で覚えることができた。自分が必要とされていると思えることは幸せなことであった、と今にして思う。

# 小規模・家族農業の危機

## 選択的規模拡大のかけ声

こんな平和な百姓暮らしが満喫できたのは小学校の頃までで中学、高校と進むに連れてだんだんと味気ないものになっていった。

農業基本法に始まる農業近代化政策の下、大規模専作化が希求され、小さな農業ではダメという雰囲気が一気に生まれてきた。高校２年の頃にはとうとう米の減反政策が始まった。大きく見えていた祖父の背中がいつしか寂しく見え始めた。

それまでいろいろな「エサ」をまいてまでして農家の後継ぎづくりに躍起となっていた親父たちは「もう農業は継がないでいいから、勤めに出ろ」と言うようになった。

どうしても農業をしたければ借金して特定の部門だけを「選択的規模拡大」して、金を稼ぐことに専念しろという指導がなされた。

わが家でも例外ではない。私もちょうどその頃に進路選択を迫られた。わが家のような稲を中心とした２ha規模の平均的な有畜複合経営の農業ではもうやれないのか、と大いに悩んだものである。

一方で機械化が進み、農薬や化学肥料の使用も格段に増えていった。とくに水田除草剤の普及は過重労働から解放するものとして多くの百姓に受け入れられていった。かなり毒性の高い農薬もあまり深刻に考えることもなく使用された。

私も高齢の祖父に代わっていつしか農薬散布の役をになうことになった。水俣病をはじめとする公害問題が社会問題になるなか、少しは農薬の害について知り始めた頃であったので、嫌でたまらなかったが仕方がなかった。わが家にも水俣病の原因企業であるチッソがつくった肥料の袋があった。

こうして農業の近代化が進み、労力が軽減されて楽に農業ができるようになったはずなのに、反対に楽しくなくなってしまった。百姓仕事が単なる労働に変わってしまったのである。もうからないうえに楽しくなければ二重苦である。高校に進学し、これからの進路を考えなければならない時期にさしかかっていたので大いに悩んだ。

農業が嫌いであればなにも問題ではないが、好きだからこその悩みである。これを打破する方法はないのかと考えて、とりあえず大学の農学部に進学した。なにかいい話はないかと。

## 土地の生産性を十分に引き出す

貴重なモラトリアムの時間を得て、農業で生きていく道を探り、いろいろな農家を訪ねた。そのなかで出会ったのが奈良県五條市に住む小農——窪吉永さんであった。

窪さんは1町ほどの耕作面積ながら、田畑輪換と多品目のきめの細かい「つくりまわし」で耕地を最大限に使って営農しておられた。作物の特性、作物同士の相性、作物の栽培期間などを考慮して、より有効なつくりまわしを組み立てるというものだ。

ただ単に作物のことだけでなく、同時に土づくりも考慮されている。つくりながら土をつくるというのだ。1町の耕地でも2度3度と使えば2町3町になる理屈だ。日本の風土を生かし、豊かな土地生産性を十分に引き出してやれば、小規模農業でもやれるということを証明してもらった。

選択的拡大という言葉に踊らされて規模を大きくすることだけを考えるようになってしまい、田畑を有効に使い、これまで培ってきた百姓の技を生かして農を営むということを忘れてしまっていたことに気づいた。

窪さんのやり方を参考にすれば小さな農業の可能性は大きくなるのではないか、ひょっとして自分にも農を生業としてやっていけるかもしれないと思った。

# 有機農業運動と小農としてのやりがい

## みずから観察し、考える農に

ちょうどその頃は公害問題、食品公害の問題が社会問題化して、有機農業運動が産声をあげていた。そこに農薬や化学肥料に依存しない農の方法が見つかるのではないかと思ったのである。要は押しつけの技術ではなく、自分の目できちんと観察し、自分の頭で考えて農にいそしむ、そこに小さな農のやりがいや喜びがあることを窪さんに学んだ。それこそ本来の農のあるべき姿なのではないかと強く思った。

その土地の風土や自然条件を生かして、自分の目でしっかり観察し、自分の頭で考えることの大切さを学んで、いよいよ実践となる。

前にも述べたとおり公害問題、とりわけ農の現場での農薬多投の現場を身近に見てきたことと、農業がしだいに立ち行かなくなっていくさまを肌で感じていたことが私を農に駆り立てて、大学３年のとき就農を決意した。私のようなものが農業しなかったら一体誰がやるのかとの思いである。若気の至りといえよう。そして前の二つの問題を同時に解決できる方法を考えた。

## 本来の農のあり方に戻る

農の営みは本来そこで暮らす人々が生きていくための生業であった。自分たち家族の食べ物をつくり、命をつないでいくためのものであった。子々孫々がそこで命をつないで暮らしていくべきものであったはずだ。

持続可能な農業という言い方があるが、本来持続不可能な農業などあるはずもないし、あってはいけない。それが売って金を稼ぐためのものになったところから命や健康を反対に脅《おびや》かすものになってしまった。同時にその目的さえ達成できずに「食っていけない」事態に陥《おちい》ってしまった。

この状況を打開するにはやはり本来の農のあり方に戻ることであり、それを当然のこととして受け入れる社会をつくり出していくことであると思う。そこで私は1973年頃から、いわゆる有機農業による「生消提携」による産直活動、また1978年から稲作のあり方を見つめ直す「減農薬稲作運動」に取り組んできた。

さらに1996年からは農業体験交流の集まりである「むすび庵で農と旬を語ろう会（むすび庵農旬会）」を主宰して、農の現場から「農と食」「農と自然環境」をともに学ぶ場をつくってきた。また2014年からは息子が有機農業による「農業体験農園」を開設している。これらはみな小さな農業、小農だからこそできたことだと思っている。これらの活動について紹介してみたい。

## スタートした提携活動

まずは有機農業による提携活動について述べる。

公害問題や食べ物の安全性についての疑義が社会問題になって、日本で有機農業運動が展開され始めた頃、私もそれに共鳴して始めた。まだ技術が確立されたとはいえなかったが、とりあえずは旧来の農法に立ち返って、試行錯誤して見つけていこうということであった。

1972〜1973年頃だった。農薬の使用が増え、食品添加物の種類も量も増えていくなかで、生産者も消費者も不安をいだきはじめていた。高度経済成長を謳歌している間に、食も環境もおかしなことになっていることに気づきはじめた。高度経済成長の行き着いた先は、百姓にとっては労力の軽減と引き換えのひどい直接的な農薬被害、消費者にとっては命を養うべき食べ物を食べて逆に命を脅かされるという不幸な現実であった。それは悪意を持った特定の誰かのせいではなく、経済合理性だけを追い求めた社会全体の責任と思えた。

だから有機農業運動の出発点は「みずからの生活のありようを見つめ直す」というところにあった。

ただ単に安全・安心なものをつくったり消費したりするものではなかった。どうしてそんなにおかしなことになったかを問うていくと、必然的に生産者と消費者が手を携えていくことの大切さがわかり、これがいわゆる「提携」という言葉で表現される、日本発の仕組みができあがることになる。

不思議なことにこの仕組みは話し合いをしたわけでもないのに、全国各地で同時多発的に起きた。ある意味ここに生産者と消費者、農村と都市の理想的な麗しい関係ができていた。「援農」あるいは「縁農」などという言葉が生まれたが、これはその麗しい関係を象徴している。

わが家でも頻繁に田畑に来てもらい、主に草取りを手伝ってもらい大いに助かった。また、結婚や出産などいろいろな節目にはお祝いを、盆暮れにはこちらのほうがいただき物を受けた。若僧の百姓をあたたかく見守り育てていこうという気持ちに満ちあふれていた。

# 減農薬稲作への取り組み

## スケジュール稲作の弊害

このように親身になって支えていただくとがんばらざるをえない。畑の野菜たちの有機栽培にくらべ、出遅れていた田んぼの米づくりも「どげんかせないかん」ということになる。

私が就農した1973年頃は減反は始まっていたとはいえ、まだまだ日本の主食として確固たる位置を占めていた。稲作技術も研究され尽くして、つけいる隙もない感じがしていた。これ以上なにか新しいものは出てこないのではと思われた。

「稲作暦」というものが配布され、いわゆる「スケジュール稲作」といわれるように、指導に従って作業をこなしていくという稲作となっていた。稲作暦どおりに隣の農家と同じようにやる、それが篤農家の証しであった。

無難に稲作をするということで必然的に農薬の使用も増えてきた。指導する立場の人からすれば農家に無難にやってもらうためにはどうしても農薬使用を増やすことになる。私の地域でも農薬の使用回数は当時7～8回ほどになっていたかと思う。ある地域では注文しなくても田んぼの面積に応じて農薬が配達され、農家はそれを消化するように散布していたという。

農薬は百姓の経験がある程度生かすことのできる化学肥料と違い、使用するかしないかの判断基準を百姓はほとんど持ち合わせていない。農薬散布を「消毒」といったように、一回でも多く散布すれば清潔になるというイメージもあって、言われるがまま散布して自己満足していた。

また、百姓の常として隣と同じようにする習性があり、同じようにやって病虫害が出ても諦めるが、違うことをやって失敗すると身内からも非難ごうごうとなる。だから農薬散布に関しては従順にならざるをえなかった。

## 試験田で稲と虫の観察

私のまわりで農薬を指導に従ってきちんと散布する農家（篤農家）でウンカの害が出て、手抜きしている農家（駄農家）で被害が出ないということがときどきあった。なにかあるのではないかと思い、このことを当時私の地域の農業改良普及員だった宇根豊さんに伝えた。

「普及所は農薬をふらせ過ぎよる。そげんふらんでもいいとやないか」と。宇根さんも普及員としての立場からジレンマがあったようだが、大いに反応していただき、どうしたら農薬を減らすことができるのか研究してみようということになった。

なにしろこれまでさんざん農薬を使っていながら、病害虫のことについて私を含め多くの百姓は知らなかった。ましてや農薬をふったら虫はどうなるのか、ふらなければどうなるのかなど知る由もない。そこで私たちは試験田を設けて稲の観察、虫の観察をすることにした。そこでわかったことは、①田んぼによって虫の出方は違う、②稲の状態で虫の出方、増え方は違う、③農薬を多く散布すればするほど虫が減るということはない、散布の時期を間違うとかえって増えることもあるということである。

最初私は農薬散布に関して「科学的に」マニュアル化できないかなどと考えたこともあった。一株に何頭虫がいれば散布すべき、それ以下だと必要ないなどと言えればカッコいい。しかしそれは無駄なことだと後からわかった。

それは田んぼによって、稲の状態、健康度によっても違う。ウンカの数が同じでも、被害が出るか出ないかは決められない。ウンカは害虫ではあるかもしれないが、被害が出るのはそれが突出して繁殖したときであって、「ただの虫」をはじめとする多くの虫たちとのバランスがとれて稲株のなかに生きている虫の一つということであれば大騒ぎすることもない。

稲は本来たいへん丈夫な作物だと思う。人間の都合で本来の潜在能力を弱められて脆弱な作物にされてしまった。本来の能力を発揮させる方向で育てれば農薬に頼らなくても丈夫に育つ。それもこれも稲をよく観察し、田んぼを観察することが基本である。これができるのは小農をおいてしかない。

「足音は田んぼの肥やし」という言葉を先輩農家から聞いたことがある。なにをするというのではないが、とにかく足しげく田んぼに通うことが大切だということである。心を注いで作物とつきあう、というのが小農の心意気である。

## 農と自然環境の深い結びつき

こうした減農薬の取り組みは消費者の共感を呼び、田んぼに目を向けてもらうきっかけになった。なにより百姓自身が自分のやっている農とはなんなのか見つめ直すきっかけになった。

私自身、稲を始めさまざまな作物をこれほど深く観察したことはなかった。お仕着せの農業技術ではなく、百姓が自分の頭で考えてやってもいいんだという自信と誇りを取り戻すことができるようになった。農が自然環境とどう結びついているかということもおぼろげながら感ずることできた。

だから減農薬運動は単に農薬の使用回数を減らす運動ではなく、百姓が農を取り戻す運動であったと言えよう。これは小さな農だからできたことであると思っている。

## 新しい関係づくりの試み

### 一般消費者にも関心を向けてもらうために

しかし、時代は移り変わる。あれほど熱心に農に関心を持ち、積極的に支えてくれた消費者もいつしか消えていく。届けられた農作物を囲んで井戸端会議をしたり、ときには援農に出かけたりするなどという余裕がなくなったのだ。「家庭の主婦」などという人はほとんどなくなり、多くの人が働きに出るようになってくると提携などというものは成り立たなくなった。ゆっくりと農にかかわっているほど暇ではなくなったのである。

有機農業という言葉や有機農産物というものは社会的に認知され広まったが、それに反比例して有機農業の精神は薄まってしまった。つまり単に安全なものを手に入れようというのではなく、日々の暮らしや社会のありようを問い直すという有機農業の原点があいまいになってしまった。まさに「広まれば廃《すた》る」である。

しかし、この事態をただ見ているわけにはいかない。街の人たちに農と食、そしてそれがつくりだす自然環境に関心を持ってもらう新しい仕組みをつくりたいと考えた。

これまで提携というかたちで特定の消費者とのみ緊密な関係をつくってやってきたが、それだけでは変化する社会の動きに対応できない。もっと間口を広げて「ふつうの消費者」にも農に関心を向けてもらおうと考えた。それが「むすび庵で農と旬を考え

「ホゲスト」総出の大豆の種まき

る会」（以下「むすび庵農旬会」）の取り組みである。農の問題を農の側だけで考えても限界があるとの思いが基本にあった。むすび庵は直販所であると同時に農からのメッセージを伝える場でもある。年ごとにメインのテーマを掲げて月一回の集まりを継続しておこなうのである。

## 全員が「ホゲスト」で対等に参加

それまで消費者と百姓の交流といえば、なにかイベントを企画して一方的に百姓の側が消費者をお招きして「接待」するというのが多かった。そうではなく百姓とか消費者とかいう垣根を取り払い、たがいに対等な立場で農や食や自然環境について頭だけでなく体で考える仕組みをつくろうというのである。参加者はホストでもなくゲストでもない、全員が「ホゲスト」の立場で対等に参加する。これは会の事務局を長年やっていただいた梅村幸平さんの造語である。

この活動は集客のために打ち上げ花火のような

「イベント」をやるというのではない。つまり、「芋掘り」や「田植え」や「稲刈り」といった消費者受けするおいしいところだけするのではない。一年をとおして、あるいは数年をとおして継続的に農作業の「全工程」を実践し、できたものを加工したり料理したりして、文字どおり体で考えるのである。大事なのは土づくりから種まき、途中の手入れ、収穫、料理までの全工程を体験することである。

たとえば「みそづくり」を企画するとすれば、大豆の種まきから始め、途中の除草などの手入れ、収穫という一連の作業をやる。麹づくりは残念ながら座学で妻がおこなう。そうしてやっとみそにたどり着く。食にたどり着くまでの全体像がわかると、料理についての考え方も大きく変わってくる。

現代人はつくる工程から隔離されてしまっており、買う喜びしか与えられていない。結果だけ得られるというのではなく、途中経過がわかり一からつくることができるようになると、人として自信がつくものである。

この「むすび庵農旬会」の活動は1996年から2016年まで20年間続けた。もちろん私だけの力ではなく、続けるなかで「関わり隊」と呼ばれる協力員もできてきた。

これまで農業は別世界で直接かかわりはなかったけれど、農や食には少しは関心があったという「普通の」人たちに間口を広げて農の世界に引きずり込むことができたと思っている。とくに小さな子どもを持つ若い人たちが、子どもに少しでも土に触れさせたいという切実な親心で参加していただいたのが印象に残った。

## 新規に農を志す青年たちの出現

もう一つ、この活動のなかで際だったのは新規に農を志す青年たちの出現である。ある日突然芽生えた「農がやりたい」という思いをぶつける先がなかなか見つからないなかで、むすび庵がその受け皿となった。彼らはやがてむすび庵の農業研修生として約一年の修業を積み、多くがあちこちに散らばって

研修生による漬け物づくりの講習会

百姓になっていった。私にとってはまったく予想もしない展開だった。

私が就農した頃は親が後継ぎすることを止めさせることが多く、「ほかに能がなければ百姓でもやるか」という時代だった。今は違う。多くの新規就農者は能力的にも人間的にもかなり優秀である。農業など志さなくてもほかで能力を発揮したほうがいいのでは、と私などは思うが、彼らの意思は固い。

私にとりたてすぐれた技術や経営能力があるわけではないが、意外にもむすび庵での研修を喜んでくれる。自然発生的に始まった農業研修ではあるが、「寝食をともにする」かたちでのアットホームな研修生受け入れができるのも小農なればこそだと思っている。

だが、これも家族の協力、理解がなければできることではない。とくに食事の準備は毎日のことであるから大変だった。支えてくれた母や妻には感謝しかない。しかしメニューの名前もないような地味な料理をお世辞抜きに「おいしい」と言ってくれるか

料理づくりも全員参加。できあがった逸品が並べられる

ら少しはやりがいもあることだろう。

研修生のなかには農業の勉強ではなく、毎日の食事を楽しみに来ていると本音を漏らした者もいる。それでもかまわないと私は思っている。食事も含めて自然なかたちで百姓暮らし全体を体得できる点では学校で学ぶよりもすぐれていると自負している。

ともあれ百姓をささやかに続けてきたことで、細胞分裂のように小さな農をあちこちにつくることができたのは望外の喜びである。

# 農業体験農園を開設

## 経営の一環としての立ち上げ

農業体験農園「はちみつファーム」は、息子が5年ほど前から始めたものである。市町村を通じてただ農地を提供するだけの市民農園とは違い、野菜などの作物のつくり方を都市住民の方々に講習してつくってもらうものである。

参加費として土地代ではなく、入園料とその区画の野菜代をいただく。「むすび庵農旬会」での都市住民との交流はお金にはまったくならなかったが、こちらは農業経営の一環としてきちんと収入が見込めるものである。また、期間中、数回の講習をおこない、自分が培ってきた技術を参加者に伝えることができ、百姓としての誇りも持つことができる。つまり生産物だけを売るのではなくノウハウを売るのである。

これは目減りしないどころか、ますます強化される。息子がとても私にはまねできないようなりっぱな資料をつくって講習と実地の指導をおこなっているのを見て、親ながら感心している。

## 熱意も習熟度もさまざまだが

体験農園参加者は年代も熱意の程度も習熟度もさまざまのようだが、おおむねみなさん非常に熱心である。この野菜づくりにかける情熱は、15年も百姓をやってきた私も見習いたいほどだ。よく見ると収穫より作物が育つのを見て楽しんでいる人も多い。

収穫量が講習料に見合うだけあるかどうかというお金の計算でなく、純粋に農を楽しむ、作物の育つのを見て楽しむことに価値を見出しているようだ。百姓である私たちが忘れてしまった農の喜びを思い出させてくれている。「見て楽しむ」という小農の新しいキーワードが私のなかに生まれた。

以上、けっして由緒正しいとはいえないわが家の農の変遷であるが、そのときどきの世の流れに翻弄されながらもアメーバのように形を変えながら、しぶとく生きていくというのが小農の真骨頂ではないだろうかと思う。

# 始まりも終わりもない曼荼羅絵を生きる

福永農園（鹿児島市）

**福永 大悟**

## 小農とは百姓そのものである

### 療養のため、一時帰省のつもりが

私にとって農業を生きるとは、いきなり謎めいた言い方だが曼荼羅絵《まんだらえ》（悟りの世界を象徴するものとして一定の方式に基づき、諸仏、菩薩《ぼさつ》、および神々を網羅して描いた図）を生きることである。私流に平たく言えば、日々平凡な営農を暮らしを繰り返すということになろう。

小農とはなにかについては、今までに多くの方々がさまざまに語っておられるので、私は周知の一般論には触れないでおく。私にとって小農とは特別意識することではなく、私の生きざまが小農そのものであると思う。それゆえにここでは自分の日常を、一日、一月、一年と書くことによって私の小農のかたちを明らかにしてみたい。

三十数年前に40歳で帰郷したときには、都会生活で体を壊し、療養のために一時帰省したつもりだった。新聞で読んだ有機農業まつりを覗いたときに出会った農家から「農業のすばらしさ」を説かれたのが人生の転機だった。すでに某大手予備校の講師の採用が決まっていたが、サラリーマン生活に戻ってまた体を壊すより、体を動かして自然のなかで生きていけるということに心が動かされた。

そのとき、私に熱く語ってくれた農家がこの本に載っている橋口孝久さんである。以来、彼とは減農薬稲作連絡会、合鴨水稲会と行動をともにしてきた。体も一病息災という文字どおり持病を持っているが都会生活のときのように発作を起こすこともなく、病気と上手につきあいながら農業に従事できるようになった。ありがたいことである。

私の農的生活にはこれが一年の始まりであるという大きな節目というものがない。稲作農家や野菜農家なら種まきが一年の節目であろうか。

私の場合は丸い曼荼羅のようにどこからでも始まるのだ。まず一年365日一日も欠かせない生き物の世話がある。鶏と合鴨とヤギとウサギの世話である。正月もお盆もない。鶏卵と鶏肉は自給したいと農業開始にまず手をつけたのが遊んだ農地を活用する平飼い養鶏だった。10年ほど経って請われて嘱託で会社勤めした兼業のときも鶏は手放さなかった。毎朝夕の鶏の面倒見は私の生活の柱である。

## 一人で何役もの仕事

一年で大きな節目というのがあるとすれば10月だろうか。稲刈りが終わり籾すりするまでの合間にシイタケ用の原木クヌギを伐り倒すのが、それまでの田畑作業から山作業への切り替えだからだ。それと並行して米の籾すり、大口農家への玄米納品、「生命のまつり」など収穫祭が12月まで続く。

年が明けた1月に原木を1ｍずつに切って山から運び出す。これを「玉切り」という。それに穴を開けてシイタケ菌を打ち込んでほた場に積み上げていく。そして2月になると合鴨フォーラムなど農業関係の集まりがある。孟宗竹のタケノコ掘りの準備で竹山の整理、春野菜の種まき、3月には体力勝負のタケノコ掘り、その合間に春野菜の植えつけ、4月になると田畑のまわりの草刈り、春野菜の世話、水田の粗起こしも始まる。

5月になると稲の種まき、また草刈り、中起こし、6月になると代かき、田植え、合鴨放鳥、7月になると草刈り、草取り、シイタケ原木の仮伏せ、8月になると田んぼの草刈り、9月になると合鴨引き揚げ、秋野菜の種まき、ヒエ取り、10月になると田んぼの草刈り、そして稲刈りがある。その合間に野菜の管理、収穫、卵の出荷。自治会など地域活動もあるし、農業委員の公的勤務も月3～4日ある。

見出しに書いた「小農とは百姓そのものである」とはなにか。私は、百姓とはすなわち百人の姓＝百の仕事をすること、一人で何役も仕事をこなす人であると考える。

稲づくり一つにしても、建設業＝トラクターや田植え機の運転や操作、あぜ塗り、水路作業、草刈りなどは昔でいう土方仕事だ。さらに農家にとって大事なのは天気予報を読み解く気象予報士の素養を磨くことだろう。これなくして農業経営はできないといってもよい。稲づくりにも野菜づくりにも必須な能力だ。

さらに稲の生長、草や害虫に詳しくなる生物学者、肥料のこと、農薬のことなど化学者の素養が必要であり、機械の保守点検に工学の知識。採卵養鶏を始めたら、まず山から木材を切り出す木こり仕事、小屋を立て、採卵箱をつくるのに大工作業、照明を入れると電気工事業、水飲み場の設置で水道工事業の知識と腕が必要だ。

鶏の生態、それを食べにくるイタチやタヌキやテンやハクビシンなどの生態を知る動物学者の素養も必要だし、卵を販売するために売り込み営業職、確定申告のために会計作業、チラシ作成や直販のためにはパソコンを使う能力が必要になる。農作業をするにはさまざまな道具をそろえて、いろいろな技術の習得が必要だ。

私はわが家のウェブサイトをつくるため、20年前に独学でＨＴＭＬというデジタル言語を覚えた。そのおかげでまだ農家がホームページなどをそんなに開設していない十数年前に、私の「合鴨百姓村」を見た教科書会社から依頼があり、高校英語の教科書に私の合鴨農法が取り上げられたことがあった。その教科書は5年間も使われた。

収入があれば外部委託できるだろうが、コストをかけないためには、必要な作業はなんでも自分でしないとならない。だからなんでもこなせる小農は、いざ災害のときはいろいろな仕事をできるので生き延びられると思う。

## ささやかな脱石油生活

薪ストーブと薪風呂がわが家にはある。山持ちの私は夏に雑木を切り倒したり、近隣の家から不要な木をもらったりしている。冬になる前に切って割ってとけっこうな体力仕事であるが、それもまた楽し！である。それに加えて山道で点火用の枯れ木を集めるなどけっこう忙しいが、燃料代の節約、$CO_2$（二酸化炭素）削減にも貢献する、ささやかな脱石油生活を満喫している。

それから少し横道にそれるが、これから農業にかかわりたいという方には、自動車の免許はマニュアルシフトで取得することをおすすめする。

軽トラックもオートマチック車が出ているが、まだまだマニュアル車が圧倒的だ。新規就農したい方が軽トラックに乗れないと仕事にならない。トラクター、管理機、田植え機などオートマチック仕様も出ているが、まだまだ農業現場ではマニュアル仕様の作業機械が多々ある。私は農業を継がない娘にもマニュアルシフトで免許を取らせた。いつでも生き延びられるためだ。

自動車学校では1万円のコスト負担増だったが、オートマ限定で免許を取ってからマニュアルに後日変更するときには数万円かかるそうだから、最初の取得時に格安で取っておくのがよい。農業する、しないにかかわらずに自動車免許は絶対にマニュアルで取っておくことをおすすめしたい。

私のやっていることは、半分は農業＝農を生業《なりわい》＝経済活動としてお金を稼いでいる。稲づくりとシイタケ栽培と採卵鶏は生業の３本柱である。残り半分、いや気分的にはかなり多くがじつは生活維持のための農である。野菜はほぼ自給用だ。

鶏50羽のほかにわが家には、烏骨鶏15羽、合鴨20羽、ガチョウ1羽、ウサギ4羽、トカラヤギ２頭がいる。ペットと家畜の中間かな。動物がいると農作業で疲れたときなどに遊ぶと癒される。

## 農作業体験の場を設ける

### 生計の柱のシイタケ栽培

正月気分が抜け切らない10日過ぎには、山に入って原木シイタケ栽培用に10月に切り倒していたクヌギを１ｍに切っていく。これは玉切りというと前述した。葉をつけたまま切り倒しておくのは、幹の水分をほどよく蒸発させて打ち込んだ菌を増殖させる状態にするためにとても重要な作業である。

寒さで手がしびれるなか、エンジンチェーンソーを用いて足場の悪い傾斜地でおこなうのは、正直70歳を過ぎた身にはこたえる。あと何年やれるかなと、ここ数年は毎年思う。しかし好きなことはしんどくてもやめられない。シイタケ栽培は、祖父の代からのわが家の生計の柱である。シイタケは平均気温が20度を超えない10月末から3月末にかけて発生する。

それを私が毎朝収穫し、妻がパック詰めして出荷する。量が多いときには乾燥シイタケに回すため天日に干す。雨が多いときはある程度機械乾燥してから日が出たときに干す。こうしないとカビて罪悪感にさいなまれてしまうのだ。

この時期、並行しておこなうのが田んぼのトラクターによる耕うん作業である。冬起こしといって水田を荒く耕して、寒気に当てて乾燥させたり越冬する害虫を少なくしたりする効果があるといわれている。「いやまったく効果ない、トラクターの燃料がむだになる」という人もいるが、私は湿田だけを耕している。乾田はレンゲソウが空気中の窒素を土に固定するからそのままにしておく。

また、この頃は鶏小屋の補修や倉庫の片づけもおこなう。また、前述した全国合鴨水稲会のフォーラムが各地持ち回りであるのに参加するために家を明ける。

収穫したタケノコ。春先の３月中旬から４月上旬が掘り取りの最盛期

## タケノコ山での作業

2月になると孟宗竹のタケノコ山の整理に取りかかる。台風や自然倒木で散乱した竹の整理と落ち葉の片づけだ。2月末になるとタケノコ掘りが始まる。掘ったら町の業者に持ち込みその場で現金化する。裏年は１００kgに満たない量だが、表年は多い年で１t近く掘る。

腰が痛くなると、枯れ葉の上に寝転んで休養することが多い。寝転んで見上げる竹の姿は美しい。絵画の遠近法のように視界の中心に向かって竹が立っているさまは惚れ惚れとする。タケノコ掘りのコストといえばほぼわが肉体労働のみで、農機具や肥料などの現金負担がほとんどないので額は多くないが実入りは大きい。ただ、タケノコ収穫の時期は、疲労回復のために温泉に毎日通うのが経費増になるのだが……。

夏の草刈りと自家養鶏の鶏糞まき、台風後の倒れた竹の片づけ、春先の落ち葉かきと草刈り、そして

幼稚園児による手植え。30 年近い恒例の行事になっている

ひたすら掘る作業だ。タケノコ掘りはだいたい3月の20日過ぎから4月10日頃までがピークである。

タケノコ掘りと並行して始まるのが春野菜の種まきである。わが家の野菜栽培は自家消費がメインなので小さなハウス2棟と5aほどの露地栽培だから負担は少ない。

## 田んぼで研修と行事

5月になると田んぼの粗起こしが始まり、水路掃除の共同作業があり、6月になるとシカ防御用の電気柵設置の共同作業もある。山間の田んぼを1㎞にわたって設置する。

5月中旬には稲の種まきをする。自家用には200枚の箱苗をつくる。鹿児島大学農学部のある研究室が学生研修のために私の田を共同管理しているので、毎年学生さんたちといっしょに半日がかりで作業する。お礼に昼ごはんのバーベキューで栄養補給してもらっている。ほかに地元の小学校5年生の総合学習の一環の稲づくり体験のための種まきを出前でやっている。

6月になるといよいよ田んぼに水を入れる。わが家の田植えは幼稚園児の行事で始まる。6月中旬に

小学5年生が、代かきした田んぼで「せっぺとべ」という泥んこ遊びをする

鹿児島市中心部にある大谷幼稚園が田植え交流にやってくる。もう30年近くおこなっているわが家の行事だ。水着に着替えた1歳児から泥田に入って手植えをする。なかには、紙おむつのままの子もいてほほえましい。田植えの後は、田んぼの生き物観察会が始まる。毎年、カエルを捕まえた子がその日のヒーローとなる。一か月後には合鴨が泳いでいる様子を年長児が見学にやってくる。そして10月中旬に稲刈りして11月からの給食に取れたお米を食べていただく。

## 田んぼで泥んこ遊び

小学校の田植えは代かきがおもしろい。「せっぺとべ」という行事が鹿児島県日置《ひおき》市日吉町でおこなわれるが、これは代かきした田んぼで大勢の人が団子になって踊って神社に奉納する神への豊作祈願である。せっぺとべとは薩摩の言葉で「精いっぱい跳びなさい」という意味である。災害をおよぼす悪霊や稲に害を与える虫を地中に沈めるということもあ

るそうだ。それを模して5年生が代かきした田んぼで、水着になって泥んこ遊びをするのである。

最初はオドオドしていた子どもたちが、泥の投げ合いをきっかけに弾けたように走り回り、泥に倒れ込み、はては腹ばいになって泳ぎ出すのである。男子も女子も。

また、小学校の校長先生いわく「この小学校の子たちは幸せだ、これだけの体験は都会の学校では味わえない」と。このせっぺとべの二日後にうるち米ともち米を手植えし、一週間後に合鴨放鳥をおこなう。そして夏休み中は交代で出校して合鴨に餌を与え、9月1日出校日に合鴨を捕獲し、10月中旬に稲刈りして11月の第2土曜日に餅つきをおこなのである。この一連の作業をとおして子どもたちが稲の生長と合鴨の成長を実感していることにこちらも感謝の念がわいてくる。

鹿児島大学生の田植えは手植えでおこなう。機械ではなく自分の手で植えることでいろいろなことを学んでほしいという担当教授の教えだ。田植え後に合鴨放鳥に備えてネットを張り、害獣避けに電気柵を設置し、カラスよけにテグスを張り巡らしていく。管理は卒業論文を手がける学生さんが毎日やってきておこなっている。私は助言をするだけだ。

## 30年近くになる合鴨稲作

### 朝夕の合鴨への餌やり

わが家では8割の田んぼに合鴨が入る。もう30年近くになる。除草、中耕、害虫駆除、養分供給などを目的にして、無農薬栽培で稲を育てている。夏の間の大半は朝夕の合鴨の餌やりが仕事だ。それとあぜ草刈りである。

「稲作農家にとって規模拡大とは、はてしなきあぜ草との闘いである」とある農家がいったが、そのとおり、炎天下の草刈りは地獄を思わせる過酷な仕事である。炎天下では脱水症状を起こす。だから私は

夏場は朝夕の合鴨への餌やりが主な日課の一つ

朝5時から8時まで、夕方は17時から20時くらいを草刈り作業にあてている。この時間なら体力をカンカン照りで失うことはない。

合鴨が田んぼにいると心が晴れる。「今日もいっぱい遊んでくれよ、お前たちが田んぼいっぱいに広がって餌を探すことが、私にとってはとってもありがたい効果をもたらすんだから」と感謝している。

ただし困ったことがある、合鴨の特徴である「細長い葉を食べない」ということが、稲作の最大のネックである雑草のヒエ（稲と姿がそっくり）を残してしまうのだ。

発生時に合鴨が踏みつけたりして大方は除去できるのだが、それをくぐり抜けたものは人力で抜くのだ。年によってはヒエ抜きが毎日毎日続くときがある。合鴨稲づくり最大の難関である。

こうして手塩にかけた米を秋に収穫し、わが家の大きな収入となる。合鴨は引き上げた後、太らせて11月末に食鳥処理場で解体真空パックしてもらい、冷凍保存してわが家の一年の食卓に上ることになる。

## 鶏の世話はライフワークの一つ

6月から10月は米づくりが主な仕事ではあるが、朝夕は生き物の世話をやっている。まずは鶏である。40歳でUターンして以来、鶏の世話は私のライフワークの一つといってよい。これまで卵販売で生活を支えてきた。最大で５００羽を平飼いしていた。今は50羽前後である。山裾の鶏舎で時折小屋から出して地面を遊びまわらせている。

この卵は産直の店に出すが、妻が合鴨米の米粉とこの放し飼い有精卵を使ってシフォンケーキやロールケーキを特定のお客様の要望に応じてつくり、納品している。また、弁当もしかりである。保健所で菓子製造と仕出し弁当の許可を得ている。わが家の放し飼い有精卵は産直の店の売りになっているようで、毎週2回出荷するが完売である。

4年前にある雄鶏が仲間からイジメにあって放した後、小屋に戻らなくなってしまった。それを自宅に連れてきて庭に放していたが、「一羽ではかわいそうだ」と妻が言うので雌を連れてきて庭を囲って飼うことにした。

以来、雄を「萬太郎」と名づけ、雌の「おふで」と二羽で庭の除草を兼ねて仲よく遊んでいる。おふではもう歳だから卵を通年は産まなくなったが、春先には3日に1個産んでくれる貴重な卵を妻と交代でいただいている。

萬太郎にはエピソードがある。エッセイにしたのを読んでほしい。

## 奇跡の生還⁉ 萬太郎の冒険

### 行方不明になり、落ち込む

萬太郎が行方不明になった。11月10日木曜日の夕刻に囲いのある庭から脱出し、駐車場のある表の庭に出ているのを私が見たのが最後だった。

11日未明の刻《とき》の声がないので黎明に庭を見たがどこにもいないし、鳴き声もしない。いっしょにいる雌鶏のおふではどこかしら寂しそう。家の周囲には見あたらないので捜索範囲を広げ、裏山や隣家の畑などをくまなく探したが、イタチ、タヌキなどにやられた痕跡の羽毛の散乱なども見つけられなかった。

萬太郎を溺愛していた連れ合いは、涙を流して落ち込んでしまった。11日は家事も手つかず、下の畑にいる烏骨鶏の鳴き声がすると「あ、萬太郎かな?」と顔を上げるが、甲高い鳴き声は萬太郎ではないと肩を落とす。

私は30年もの鶏とのつきあいで得た勘で「やられた痕跡がないから絶対に生きている、帰ってくる」と妻を励ました。

鶏はけがをすると、藪のなかや小屋の隅にじっとうずくまって傷が癒えるまで何日も動かないのだ。それこそ飲まず食わずじっとして自然治癒に任せている。動物の本能なのだろう。だから、萬太郎も絶対にどこかに潜んでいて帰ってくると信じていた。

12～13日は遠来のお客のおもてなしで多忙をきわめたが、連れ合いは夕方になって萬太郎は今日も帰らないと寂しがる。私も時間を見ては家のまわりを何度となく見て回った。

半分諦めた14日の夕刻、中学時代の同級生の喫茶店のママから電話があった。

「大悟さん、鶏に慣れているから引き取ってくれない？　じつは薩摩鶏に似た雄鶏が3～4日前から迷い込んでいるの。人に慣れているらしく餌をやると逃げもしないで寄ってくるんだけど、畑を荒らしたりして困っている」という。

私は胸が高鳴った、ひょっとして？「そうそう足に金輪をしているの」というママの声で私は萬太郎だ！と確信した。萬太郎は大学の実験に協力したときに金輪をしていたのだ。

でもどうして2㎞も離れた場所に？　国道や県道を越えるところにいるのか？　あるいは似たような鶏かもしれない。すぐに連れ合いと軽トラックに網を積んで店に向かった。宵闇のなか玄関先にうずくまっているのを見つけた。

私は網ですぐに捕獲した。鳴き声をあげる。その聞き慣れた声に連れ合いが「萬太郎」と叫ぶ。ママが軒先の街灯を点けてくれる。やっぱり萬太郎だ。連れ合いは喜んで声をかける。ママに一部始終を話してたがいに感動してハグしている。

## 2㎞先への移動の不思議

でもどうして2㎞先に？

じつは、10日の夜、中学校の同級生の飲み会があって、このママの店で久しぶりに十数名で飲んだ。私は夕方6時過ぎ、連れ合いに軽乗用車で送ってもらい、10時過ぎに再び迎えに来てもらった。萬太郎はそのどちらかで車に乗っていたとしか考えられない。

でも、つかむところのないツルツルの乗用車の屋根に乗って2㎞を移動できたのかしらと不思議だ。ただ妻の車は屋根の後部にウイングがついていて、そこに鶏の剣爪が引っかかったのかもしれない。加えて夜道の連れ合いのノロノロ運転が幸いして飛ばされなかったのだろう。

それにしても生命力がある萬太郎だ。途中で飛ばされれば車にひかれるかタヌキなどの獣にやられるかしただろうし、ママのところでなかったら潰されてトリ刺しにされてどこぞの誰かの胃袋に収まっていたかもしれない。二人で、萬太郎の2㎞の冒険の凄技にエライ!と感服。家に連れ帰り、いつもの囲いのなかに入れてすぐにごはんをあげると連れ合いの手からいつもどおり食べている。その姿に二人でホッとした。さらに妻の笑顔が戻って私は二重にホッとしている。

これからも私たちを楽しませてくれる萬太郎でいてほしいが、もう二度と乗用車の屋根に乗らないでくれ!!

## 命の循環を見つめ続けて

### トカラヤギとウサギの飼育

ヤギは半分はペットである。トカラヤギは鹿児島県の屋久島と奄美大島の間にある吐噶喇《とから》列島に棲む固有種であるが、純血種が少なくなっておりそれの保存を兼ねて飼育している。

ヤギたちとの愛情交換は、私の農作業の疲れを癒してくれる。合鴨放鳥でネットを張ったあぜに放し飼いするなど夏は草が豊富にあるからよいが、冬の青草がないときのために田んぼにイタリアンライグラスを植えている。だが生長が遅いため、常緑樹の木の葉や竹の葉を与えるために切り出すのが日課になる。

２０１９年5月に来たウサギは完全にペットだ。今4羽の雄穴ウサギがいる。彼らが小屋じゅうを走り回っているのを見ていると、そのかわいい仕草に飽きがこない。餌と水を欠かさなければ手間がいらないからだ。

## 生涯現役で土や木を相手に

「小農とはなんぞや」というテーマをいただいて正直なにをどう書いたらよいかわからなかった。だったら自分の一年間の農作業を書いてみようとあれこれと考えたが、生来の筆不精と田植えが迫っているなかで一文字もかけない怒濤の日々が続いた。種まきを終え、草刈り、荒起し、代かき、田植えと体力を使う仕事だ。

今、農村では人を短期間でも雇用することができない。職についていない人がいない。私のところでは小さな建設会社では人夫《にんぷ》になる人がいないから会社を畳んだり規模を縮小するところが増えている。先日の大雨で小規模の災害が複数の箇所で無数に発生したが、応急処置を頼んでも人手不足で放置されているところがほとんどだ。

ましてや農作業現場に来てくれる人は皆無である。働ける人は市内に勤務している。自宅にいるのは高齢者の方だけである。私の集落は１８０戸あるが、米をつくっているのは7戸である。人を雇用することができない以上、自分ですべてをこなすしかない。妻と二人での作業である。

だからこそ、健康第一を掲げて、冒頭に述べたように自分たちの腕一つで始まりも終わりもない曼荼羅絵を、命の循環を、ここで見つめ続けて人生を紡いでいる。生涯現役で土を木を相手にしていきたい。

# 合鴨を生かした食農教育と伝統野菜の復興に向けて

橋口農園（鹿児島市）
**橋口 孝久**

## 自然の力と合鴨を生かす

橋口農園は、鹿児島市の郊外、稲荷川の上流にあります。この土地で私たちは、35年以上前に農薬や化学肥料に頼らない農業を始めました。豊かな自然とこの地域に住む人々に支えられ、安全な食べ物をつくることはもちろんのこと、豊かな地域づくりのために地域と連携した「合鴨米づくりをとおした食農教育」をおこなっています。また、この土地の気候や土壌に適応させながら先人が育んできた「鹿児島の伝統野菜」の復興などにも力を入れています。

## 安全な暮らしや食べ物への思い

私の有機農業の原点は、日本の四大公害病の一つ、水俣病にあります。

私は１９５１年、鹿児島県北西部の出水市で生まれました。熊本県水俣市から南へ20㎞弱の小さな市です。自宅は不知火海の海岸に近く、幼い頃から、湾の魚介類をよく食べていました。

チッソ水俣工場（熊本県水俣市）は、私の出生前後36年間、水俣湾に廃液を垂れ流していました。1960年頃、水俣病の原因は、廃液に含まれたメチル水銀であることが報告されました。そして、65年が過ぎた現在でも、裁判闘争が続いています。

故郷の自然を汚された悔しさから、公害防止の技術を学ぼうと、1971年、関西地方の大学の工学部に進学。研究の一環で、自分の髪の毛の水銀蓄積量を化学的に分析してみたところ、平均的な日本人の約2倍の濃度の水銀が検出されました。「健康によいと信じて食べていた魚介類で、一生、公害病の危険性にさらされる」。みずからの体で〝検証〟する結果となり、恐ろしさに身が震えました。

そして、自分にとって揺るぎない真実を実感しました。「一度、自然環境に排出された毒は、ほぼ回収不能だ。排出された毒物を処理する技術を開発するのではなく、〝毒を出さない、使わない〟ことが基本だ」。

学内に公害研究会を結成し、水俣病の患者さんの支援活動をおこなったり、技術評論家の星野芳郎さんを団長にした瀬戸内海の海洋汚染総合調査団の調査活動に参加したりと、公害問題に関する活動に積極的にかかわりました。

そんな活動をとおして、安全な暮らしや食べ物への思いが徐々に高まり、自然農法や有機農法の本を読みふけるようになりました。

## 30歳で就農し、有機農業の道へ

大学卒業後、鹿児島に戻り、生活費を稼ぐため、会社員として働きましたが、1980年、30歳で脱サラし、有機農業の道に入りました。当時、県内で有機農家は10名足らず。有機農業で生計を立てるとの選択は、周囲の大半の人々には、「非常識な変わり者」と映ったようです。野菜については、数少ない有機農業の仲間や集落の先輩から学び、失敗を繰り返しつつも、少しずつ栽培できるようになりました。

しかし、米づくりは困難をきわめました。私の「ただ農薬を使用しないだけ」の田んぼでは、田植え後、2、3度、除草機の田車を使用しても、雑草のコナギやヒエが茂り、害虫や病気も次々に発生。当然、収量も上がりません。周辺を見渡せば、慣行の圃場では、除草、殺虫、殺菌剤などを一シーズンに7～8回使用し、雑草一本生えていません。無農薬での米づくりに限界を感じていました。

## 宇根さん、古野さんとの出会い

1983年頃、農業改良普及員の宇根豊さんと出会い、自然の力を生かした稲作について指導を受けました。田植えの前におこなう元肥を減らし、生長しやすいよう種もみを少なくまく「薄まき」、苗を少なめに植える「薄植え」を学び、稲本来の能力を十分、発揮させる稲作に切り替えました。

虫見板を使い、害虫、益虫、ただの虫などの生息状況を調べる観察会を毎年おこない、1985年頃、鹿児島県減農薬稲作研究会を結成しました。そして、この方法から、米づくりの基本を学ぶ仲間の輪も徐々に広がっていきました。同時に、私たち、有機農家と提携してくれる消費者も増えていきました。

1990年夏、農文協のTさんの案内で、合鴨農法を実践する古野隆雄さんの圃場を鹿児島の有機農家4名で訪ねました。炎天下で何時間も雑草を取ったり、田車を押したりする今の農法では消耗が激しすぎる。もっと耕地面積を広げたいと考えた私たちは、新たな農法に挑んでみたかったのです。

私には、古野さんの合鴨圃場は夢のようでした。呼んだらスイスイと泳いでくる雛の群れ、雑草一つない水田に感動し、帰宅後、すぐさま合鴨の雛50羽を発注し、育雛の勉強を始めました。

1991年春。私にとっての「合鴨元年」の始まりです。思い切って、120aの水田に合鴨200羽を放ちました。県内初の取り組みに、「橋口さんは、田んぼで鳥の雛を飼っている」と、声をひそめる人もいました。

しかし、合鴨による予想以上の除草、害虫駆除効果がマスコミでも大きく報じられたこともあり、合鴨農法は県民に好意的に受け入れられ、地域で市民権を得ることになりました。

## 地域に根ざした食農教育

### 総合的な学習のカリキュラムに

私が合鴨農法や農薬を使用しない田んぼでの農業を通じて力を入れているのが、地元の子どもたちを対象にした食農教育です。2019年現在、受け入れ団体9団体、年45回開催と米、野菜づくりをおこなうまでになっています。

そもそもは、長男と次男が地元の保育園、小学校に進んだことがきっかけでした。1994年、「親子のレクリエーションとして米づくりを体験したい」と小学校のPTAから持ちかけられ、土曜午後に、田植えや合鴨放鳥、稲刈り、収穫祭と親子で参加。その取り組みが評価されて、次年度から5年生の授業として、「総合的な学習」の正式なカリキュラムとなりました。

米づくりの流れに沿った田植え、稲刈り、餅つきの「3点セット」をとおして、親や教師、私たち地元農家が連携し、体験を通じて、食や農、命、環境を学ぶ場へと発展していきました。

取り組み始めてから8年、当時のある教諭から「合鴨の命ときっちり向き合う実践がしたい」と提案されました。

子どもたちは食材調べなどの学びをとおして、「食べることとは、命あるものをいただくこと」だが、一方で、「命あるものは大切にし、むやみに殺傷してはならない」などとさまざまな気持ちで揺れていました。教諭は「〝命〟が食べ物に変わっていく過程をとらえ、命のつながりを真剣に考えることが、子どもたちの豊かな感性を育むことにつながる」と考えたのです。

## 「合鴨の命をいただく会」を開く

合鴨の命と向き合うということは、食材として命を奪われる場面に接することになります。一部の保護者からは反発の声も出ましたが、命の大切さを知りたいという子どもたちの気持ちが強く、２００１年2月、初の「合鴨の命をいただく会」が開かれました。

私や他の農家の方々が絞めた合鴨の羽を抜くところで、子どもたちの緊張感はピークに達しました。ただ、そこから肉をさばく段階に移ると、しだいに頬が緩み、笑顔を見せる様子も。命から食に結びついた瞬間を彼らは経験したのです。

さて、この子どもたちは、大人になり、命をどう考えることになったのでしょうか。主な意見をまとめてみました。

### 食農教育のアンケート回答

——5年生のとき、合鴨農法による米づくりの体験をしましたが、今どんなことを思い出しますか？

**SMさん**（大学3年）　食べるか、食べないかでクラスで話し合いを開いたときのことは鮮明に覚えています。（あのときの同級生の感想文を読み返して）新たな発見をしました。「合鴨をいただくことで私たちの体のなかで栄養となってくれるから私は合鴨を食べたいです」という一文でした。食と命に加えて栄養というつながりを今、私自身が勉強していて、もっとがんばらなくてはと感じました。

**MYさん**（大学2年）　この問題を必死に考えて、たくさんのことを吸収しました。どの授業よりも深く考えさせられました。この授業があったから、今、食べ物を大切にし、なにかあるたびに命のサイクルを感じます。

**MFさん**（大学3年）　みんな「食べることの意味」「生かされていることの意味」を考えながら合鴨を食べていたと思います。

**YOさん**（大学1年）　小学生ながらも、合鴨の命がかかっているため、みんな必死で論争した。仮

「合鴨の命をいただく会」を体験したあとの子どもたちの感想

に、私がこの活動の経験がなく、今に至っていたら、小学生ときっと「食べない」と言うだろうと勝手な憶測をしていただろう。

しかし、実際はまったく違った。話し合いでは、途中で考えを変更し「食べる側」に改めるケースが多かった。彼らの多くは、私たちが食べることで、命を受け継ぐほうがよいというものだった。「食べない側」も（中略）意見の矛盾に気づいていた。普段食べている肉も同じ重さの命を持つ生き物であるのに、合鴨だけを特別扱いしているということだ。米づくりをしたことで、自分、そして人間以外の生き物たちにも命があり、それは平等であるということを学んでいた結果である。

＊

まずは、会を開く前に、子どもたちの間で、「食べるか、食べないか」という議論をおこなったことが印象に残ったようです。真剣に命についてみずからが考える重要性を知ってもらったことをうれしく思います。

田んぼの生き物調査で食、農、環境などを学ぶ

また、大学入試の課題である論文（?）に、このテーマを取り上げたケースもありました。当時は食べることに反対だったが、大人へと育つ過程において、考察を深めてくれたことに感動しました。

## 「虫博士」もお目見え

田んぼでの生き物調査では、忘れられないYさん親子（子ども3歳）がいます。Yさんは2011年、子どもを自然豊かな環境で過ごさせたいと、東京都から鹿児島市に引っ越してきました。

農薬を使用しない田んぼには、土ガエル、赤トンボ、糸トンボ、ヤゴ、足長グモなど多くの生き物が生息しています。生き物調査では、おたがいに食物連鎖の関係でつながっており、さまざまな命が育ち、息づいていることを学べるのです。

親子が初めて参加されたとき、私が、子どもたちの採取したオタマジャクシと赤トンボのヤゴを捕獲用の水槽に入れると、突然、ヤゴがオタマジャクシを捕えて食べました。

「わー、食べてる！」。親子で感動し、これをきっかけに、昆虫図鑑や虫かごを片手に調べ歩くのが日課に。子どもさんは1年後には、「虫博士」と呼ばれるまでに成長しました。

Yさん親子は、合鴨が孵化する様子も観察しました。写真は、孵化器に入れた1～2週間後の卵の様子です。赤い血管ができ、ときどき動いて、心臓もでき始めています。そして、4週間後、雛はみずからのくちばしで卵の殻を割ります。

命が生まれつつある卵を手のひらに載せていた親子に、私は「家で育ててみる？」と持ちかけました。

雛は、生まれて初めて接した者を親と思い、絶えずついて回る行動（刷り込み）をします。

この親子は、雛を畳の上で飼い、いっしょにお風呂に入り、同じ布団で寝たそうです。しかし、引き取って3日後の朝、残念ながら、雛は亡くなってしまいました。

Yさんからはおわびの手紙が寄せられました。

「本当に、本当にかわいくて、うれしさ、喜び、驚きがたくさん詰まった3日間でした。たくさん触れて体温を感じ、成長を喜び、たくさん名前を呼んだ後に死に直面しました。子どもにとってはなにより実感を持って死や命を感じたことと思います」

親子には、再び雛を育ててもらいました。そして、無事に育ち、その雛は2週間後、無事に田んぼにデビューしました。親子には、この一連の活動をとおして、まさに生と死を実感していただいたと思っています。

## 増える体験受け入れの要望

2019年も地元の保育園など9団体から体験依頼があり田植え、合鴨放鳥、田んぼの生き物調査、稲刈り、収穫祭など1団体4～6回の活動、9団体で年間約45回の活動となっています。

シーズンの6、8、10月は午前中時間をずらして2団体を受け入れており、これ以上の受け入れはむずかしくなっています。6月から10月は農繁期でもあり、体験は午前中、早朝と午後～日暮れまでは本業の農作業で大忙しの毎日です。

農業体験の受け入れは、思いを持った受け入れ農家、体験圃場の確保、駐車場、トイレ、水道など人的、物的条件が伴うためになかなか広がりにくいのが現状です。

合鴨農法による米づくり体験は「安心・安全で楽しい農法」として広く鹿児島県民に認知され、体験受け入れの要望は年々増えてきました。現在は、保育園、小学校、行政や市民団体など約9団体、年間参加者が約2500名を超える取り組みになっています。

子どもたちは、体験を通じて自然や生き物との触れ合い、食や農、環境、命などたくさんのことを学ぶことができます。また、目的を持った一連の体験が人として成長する〝土台づくり〟になると思い、今年も「食農教育」を受け入れていこうと思っています。

## 伝統野菜を受け継ぐ

### 個性派伝統野菜の価値

みなさん、「伝統野菜」を知っていますか？

「京野菜」「なにわ野菜」など、名の知れたものだけでなく、それぞれの地域に根ざした野菜、いわゆる伝統野菜は全国各地にあるのです。私たちの祖先は、その野菜を栽培し、日々、食して、今日の食文化を築いてきました。

現在、国内で生産される野菜の9割以上は、企業などが開発した種から育てられたものです。全国でほぼ同じ品種が栽培されています。一方、伝統野菜は交雑が進んだり、形状が不ぞろいで箱詰めがむずかしく流通に向かなかったりして、市場経済からはじかれ、途絶えていく危機的状況にあります。地域に細々と残っていても、栽培者が高齢化し、優良な種子を選んで残すことがむずかしいのです。

伝統野菜は、非常に貴重な存在です。多様な遺伝子の宝庫、遺伝資源であり、品種改良の元になるとともに、今の野菜にはない個性があるため、農村地域の活性化につながる可能性さえ持っているのです。

私が仲間たちと鹿児島の伝統野菜を守る活動を始めて、十数年が経ちます。

２００４年、県内の大手スーパーから「地元のスーパーとして鹿児島の財産である伝統野菜を守り、販売したい」と提案されたことがきっかけでした。

九州の他県では、伝統野菜の栽培に熱心に取り組む仲間もおり、以前から関心を持っていました。

就農から24年の当時、私は、タマネギやキャベツ、ニンニク、ニンジンなど、年間約30品目を栽培し、提携消費者への販売や地元の学校や保育園の給食用に納品しており、生活もようやく軌道に乗ってきた頃でした。私が代表を務める「かごしま無農薬野菜の会」の会員の協力も得て、申し入れを受け入れ、伝統野菜の種子の収集と栽培に取り組むことになりました。

## 今、伝統野菜がおもしろい

まず、頼りにしたのは、元鹿児島県農業試験場長の田畑耕作さんでした。在職時代から、離島も含めて県内を回り、希少な種子を採集し、県が発行した伝統野菜のパンフレットも担当。退職後もその熱は衰えず、「伝統野菜愛好家」との肩書きで、収集や研究を重ね、近年には、活動の集大成として、県内の伝統野菜約70品種の特質や栽培、調理法までをまとめた本を自費出版されたほどです。

私は、パンフレットから知識を得たうえで、田畑さんに指導助言をもらい、会員たちとは、研修会や料理講習会などを重ねました。

また、スーパーの店員をはじめ、さまざまな関係者からの情報などから、数年をかけて、26品目を生産するに至りました。

伝統野菜を守るむずかしさも実感しています。す

できばえのよい吉野人参サンプル

吉野人参の採種作業

でに生産が途絶えていた「吉野人参」「伊敷長ナス」などは、農研機構遺伝資源センターの農業生物資源ジーンバンク（茨城県つくば市）から種子を手に入れました。

優良な種を選び取るのも、ひと苦労です。実のできばえがよいものを、一般品種と交雑しないように別の場所に移植し、梅雨時期には種が腐らないよう、時期を見ながら採種します。

それだけでは終わりません。たとえば、吉野人参の種は、目でようやく見えるほどの大きさ。十分乾燥させた花蕾を手でもんで、種を落とすさいに、微かな風を送り、吹き飛ばさず、下まで落ちるものがよい種です。このニンジンは、そんな優良選抜を繰り返し、販売できる品質になるまで十数年かかりました。

## 保存研究会の発足へ

２０１７年、田畑さんは高齢を理由に、約20年間、収集と優良選抜を繰り返し保存してきた伝統野菜の種子を鹿児島大学農学部にすべて寄付されました。農学部では、その種子を育て始め、大学としても在来種の種子を栽培し保存しようという機運が高まりました。

研究者、農家（生産者）と消費者たちが連携して、２０１９年2月15日、大学を事務局とした「鹿児島伝統作物保存研究会」が設立されました。私も「かごしま無農薬野菜の会」代表として、副会長に就任しました。

# 合鴨の本格的な処理・加工

## 長年の課題であった施設が完成

２０１９年で就農37年、合鴨農法29年目を迎え、合鴨米は消費者の支持を得て生産量も順調に伸びています。しかし、課題が一つ残っていました。役目を終えた合鴨の販売です。地元の収穫祭や自家消費に努めてきましたが、すべては消費しきれず、私も含め、南九州の合鴨農家の多くは、孵化《ふか》業者に引き取ってもらっていましたが、数年前、合鴨肉の消費が伸びないなどの理由で取り引きが中止されました。以来、処理の目途が立たず、合鴨農法を断念する農家も出てきました。

その状況を受け、地元合鴨農家（約30人）でつくる「かごしま合鴨水稲会」では、２０１０年頃から、食鳥処理場の建設や生肉の加工・販売などについて研修会を開き、話し合いを重ねてきました。２０１４年1月からは、合鴨肉の販売・加工（燻製）に取り組むため、県内外の魚や肉の燻製施設を見学し、地元保健所と話し合いをおこなってきました。その年の3月、保健所の指導を受け、私の倉庫を改装し、食肉販売と燻製施設の建設に取りかかりました。建設費を抑えるため、扉や窓、ステンレスの作業台、2層シンク、流し台などはすべて中古品でそろえました。

２０１４年9月、「食肉処理業」と「食肉製品製

造業（燻製）」、２０１５年12月に「食鳥処理場」の営業許可を得て、本格的に合鴨加工に踏み切りました。今では、他の農家のぶんを含め、毎年９００羽を処理しています。

## 汚水と内臓・ガラなどの廃棄物の処理

専門外の食鳥処理の手続きで、むずかしかった点を紹介します。食鳥処理、食肉販売施設などの指導について、地域の保健所によって法令の解釈などがかなり違うようです（鹿児島市では、食鳥処理場（室内）は保健所の担当で、汚水処理やガラ・内臓などの廃棄物は市環境保全課が担当）。

施設建設にあたり、調べたところ、鹿児島県内の既存の小規模処理場では、汚水は、３層式の処理漕から側溝や河川に流すことで許可が下りていました。しかし、鹿児島市の担当者に尋ねたところ、「市では公共下水処理場が設置されていないため、汚水は、専用の処理漕と浄化漕を設置して処理を」と説明されたうえ、内臓などの廃棄物は正規の処理業者に委託するよう指導されました。

設備設置と委託をすることになれば、経費があまりにも高額となり、建設を断念せざるをえません。そこで、市に「処理羽数が少ないため、専用浄化槽の設置はむずかしい。汚水や廃棄物は年間20～30ｔを製造する堆肥発酵層で処理したい」と相談したところ、「そのような前例はないが、自然環境に出さないならば、指導の対象ではない」との返答があり、処理工程の書類の提出のみで、許可を得ることができました。

## 伝統的燻製法に取り組む

食肉加工（燻製）の許可が下りて今年で4年。合鴨の生肉と燻製を販売しています。燻製の製品が大変好評で、注文が年々、増えています。基本的な調味料を最小限にとどめ、素朴な味ながら、手間をかける製法で合鴨のうまさが引き出せているのだと思います。最近、ようやく長年の課題が解決した手応えを感じています。

燻製法は、10年前、私の友人で、島根県在住のプロの燻製家、Aさんから技術指導を受けて以来、続けています。

「塩コショウのみで味つけした生肉を燻製箱に吊るし、約5時間、いぶす」という方法です。塩、コショウをまぶした肉を低温でじっくりいぶすので、肉が軟らかく仕上がり、合鴨肉本来の味も楽しめて、最高のできです。一般的には、ボイルした肉などを使用するため、サクラのチップを使用しますが、この製法では本来の味をできるだけ引き出すために原木をじかに焚きます。

サクラ、クヌギ、ナラなどの広葉樹の、直径約10㎝、長さ約30㎝の原木（丸太）を使用します。できるだけ一定の温度を保つためには、燃材の太さはそろえたほうがよいようです。燻製づくりの鍵は、温度、煙（炎）、時間のバランスが大切です。

スモーク温度は予定の温度の5～7℃差くらいに保てるよう焚き口の火の管理をしてください。仕上げまで5～6時間の長丁場です、火とじっくり向き合い、じっくり腰を据えて焚き続けることです。

## 燻製肉のおいしい食べ方

完成したブロック肉は、薄くスライスしてフライパンなどで弱火で軽く温めると香りが増し、よりおいしくいただけます。

ガラはだしとして利用すると、燻製の香りと味で料理がいっそう引き立ちます。

初年度は、温度管理がうまくいかず、肉の表面が硬くなったり、内部まで火が入らなかったりなどの失敗をしましたが、何回か挑戦するうちに焚き口の火の管理がうまくできるようになり、温度も安定してきました。

## おいしい合鴨肉の燻製法のポイント

**特徴**

ボイルしない、調味液を使用しない、原木をじかに焚くのが特徴です。

**燻製の時期**

合鴨の脂ののったおいしい時期（11～2月頃）が燻製にしても生でも肉のおいしさを十分引き出せる時期です。

**合鴨の解体**

燻製前日、放血、脱毛し、手羽、ロース、モモ肉と、できるだけ大きな部位になるよう解体します。

**味つけ（塩または塩コショウ）**

1ブロック4～5g前後の塩コショウ。ボウルなどの容器に入れ、肉に味をなじませるため一晩冷蔵庫に入れます。

**燻製箱にセット**

翌日冷蔵庫から取り出し、部位ごとに分けて燻製箱に吊り下げます。肉どうしがくっつかないように適当な間隔をとり、吊り下げます。

**燻製～生肉を使用～**

一般的には、ボイルした肉などを使用するため燃材としてサクラのチップを使用しますが、この燻製法では、肉本来の味を引き出すために生肉を使用し、サクラ、クヌギ、ナラなどの丸太（太さ直径約10～15cm、長さ約30cm）を使用します。

**スモーク温度**

①約40℃、30分間、肉の表面を乾燥します。

②約57℃、4時間燻製すると肉の内部まで火が入り、肉の表面が桃赤色に発色します。

③約75℃、1時間、殺菌を兼ねて仕上げです。

④燃材を取り出し、肉が常温になったらできあがりです。

何回か挑戦しているうちに焚き口の火の管理がうまくできるようになり、スモーク温度も安定できるようになります（**表4―1**）。

**保存法**

部位ごとに小分けして真空包

表4-1　合鴨のスモーク温度の目安

| | 温度 | 時間 | 備　考 |
|---|---|---|---|
| 表面乾燥 | 40度 | 30分 | 肉の表面を乾燥させる |
| 内部まで火入れ | 57度 | 4時間 | 肉の内部まで火を入れる。赤桃色に発色 |
| 仕上げ | 75度 | 1時間 | 殺菌を兼ねて仕上げ |
| 最後に | 常温まで | 約半日 | 燃材を取り出し、常温になるまで待つ |

装袋などに入れ冷蔵、冷凍し保存してください。冷蔵で約1か月、冷凍で約6か月間くらいは保存できるようです。

## 生産から加工・販売までを一貫しておこなう

### 農畜産物の加工品開発

橋口農園では、二十数年くらい前から農畜産物の加工品の開発に取り組み、試行錯誤を繰り返しながら商品化を進めてきました。

現在、合鴨米、五穀米（赤米、黒米、緑米、アワ、モチキビ）、小麦粉（強、中、薄力）、乾麺（素麺、うどん）、2014年から合鴨生肉・燻製と数点の商品も生産から加工、販売まで6次産業として位置づけ、取り組んでいます。

なお、雑穀のアワ、モチキビの生産、収穫、精穀には古い農具や数種類の農具が必要になり、そのつど収集し活用してきました。雑穀の食を楽しむために必要な農具も農村の高齢化と耕作者の減少により急激に処分され手に入らなくなってきています。

また、二十数年前から、地域では集落ごとに存在し、地域の食の加工を担っていた精米所「精米（米、雑穀など）、製粉（米、小麦、ソバ）、押し麦、みそ麦加工」なども閉鎖され、このままでは、農的暮らし、農的食文化も楽しめなくなる状況が進行しています。

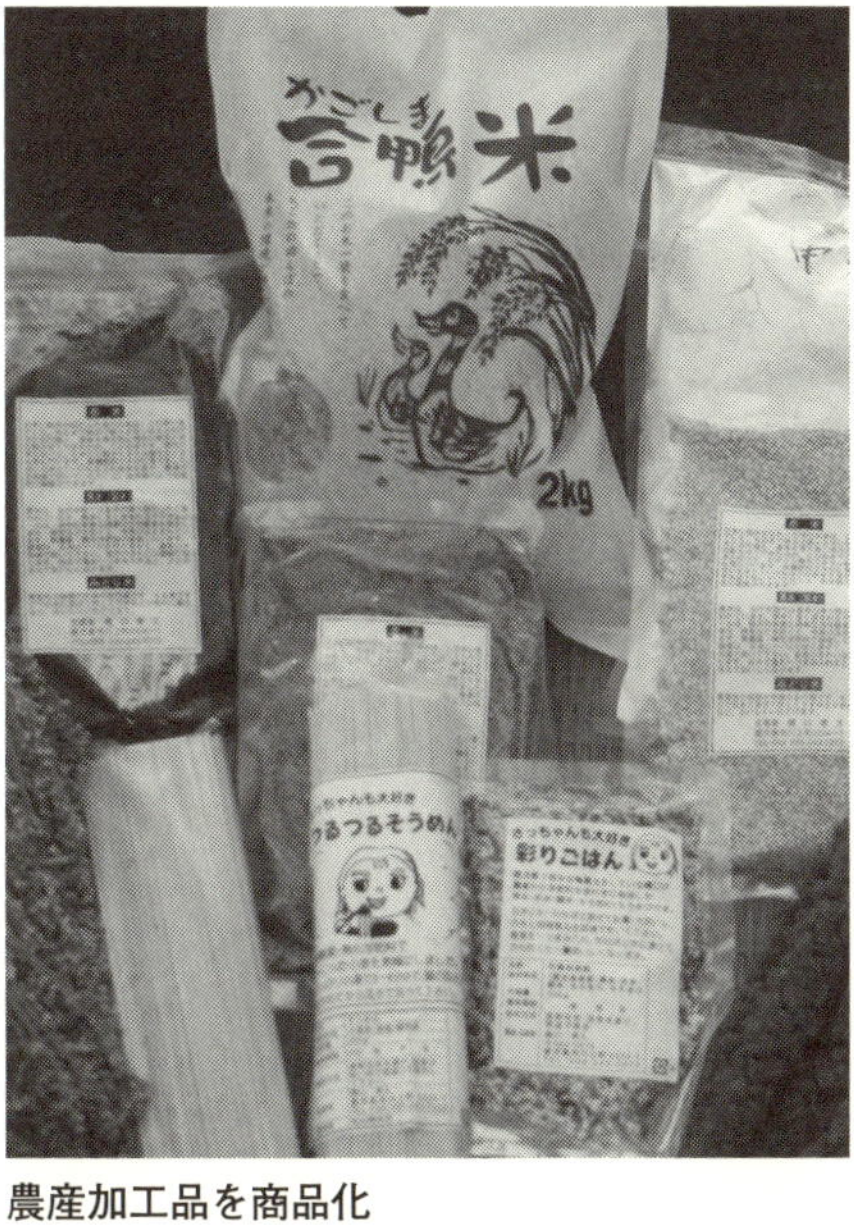

農産加工品を商品化

これは全国的な状況であり数年後にはソバを栽培し、年末にそば打ちしたくても製粉できなくてそばを楽しめない事態が確実にきています。

## 農的暮らしや食を楽しめる地域づくり

そこで、私は20年くらい以前から古い農具（足踏み脱穀機。唐箕など数十点）、製粉機、押し麦機、雑穀（アワ、キビ、ヒエ）など精米機、竹製のざる（目の大きさごとに数種類）、養蚕の道具、木製の籾すり器などを保管し地域での保存と活用が喫緊の課題となっています。

私は、農的暮らしや食を楽しめる地域づくりをめざし、仲間と話し合いをスタートさせる予定です。

執筆にあたって快く相談にのっていただき、協力いただいたライターの木野千尋さん、写真家の中島亮一さんには、忙しいなか伝統野菜の撮影に協力いただいたり、過去取材していただいたときの写真なども使用させていただきました。

このたび、やっと地域の仲間のおかげでまとめることができました。心からお礼申しあげます。本当にありがとうございました。

〈参考文献〉
「合鴨通信」57、59、66、69号
『地方野菜大全』芦澤正和監修（農文協）
「鹿児島で収集した伝統野菜（サツマイモを除く）」田畑耕作さん講演時の資料（平成21年1月18日）

# 第5章

# 小農学概論序説
## ～「百姓仕事」の感慨～

農と自然の研究所・農業
宇根 豊

田打ち車を押す（筆者）

## 小農の暮らしと対極のスマート農業

### 小農の土台の破壊

最初に言っておくが、「学はいらない。情報さえあればいい」と言う人間ほど、学に取り込まれている。それはおいおい語っていくことになる。私が問いたいのは、そういう「情報」を生み出している「学」も含めて、なにかの表現としての「学」は本当に百姓にとって必要なのか、ということである。結論を先に言っておく。「必要なんだ」。しかし、その学とは、現在の学ではない。まったく別のものだ。

小農の暮らしとは対極で、無縁であるように思えるICT（情報通信技術）・IoT（モノのインターネット）・AI（人工知能）を取り入れたスマート農業が、小農の土台（それは農の母体でもあるが）を破壊しようとしている。それなのにそれに気づかないのは、じつはもう一つの「学（思想）」の不在のせいなのだ。

さっそく「そんなこと考えてなにになる」という声が飛んでくる。しかし、誰も言わないから、スマート農業に反対運動すら起きない。目先の利害だけにしか関心がない時流は困ったものだが、問題はそんなところにはない。根はもっと深い。

百姓は自分たちの人生を、ただ生きるために仕事をしてきた。そうであれば、そのことは自分たちの生き方として、田畑の世界として、表現されている。別に学や思想や作品として表現する必要はどこにもない。もう一度言っておく。百姓には学を生み出す動機も必要性もない。これまで、百姓の学がなかった理由がここにある。

しかし、百姓にも表現しようと思うときもないではない。それは自分のためではない。他人のためである（たしかに現代はやりの百姓の「自己表現」ならば、少なくないが、ここでの私の関心事ではない。私の関心は、学や思想と、私との関係にある）。しかし、「他人のために」と意識したとたんに、これまでの学の仕組みに取り込まれそうになる。

言うまでもないことだが、官学として出発した「日本農学」は一貫して「農家のため」と言い続けてきたではないか。はたして百姓のためになったのか、ならなかったのか、を論じるつもりはない。それは「日本農学」の問題であって、百姓の問題ではないからだ。

## なぜ、「学」は必要か

なぜ、私は「学は必要なんだ」と言おうとしているのだろうか。どんな学や思想であろうと、百姓から見ると、私と、学・思想の間には、いつもすきま風が吹いている。そのすきま風に気づかないようにする「仕組み」が、あるからだ。このすきま（空洞）をスマート農業推進は利用している。それに気づく学や思想が必要だということをこれから説明しようと思う。なぜなら、官民総動員でこの悪趣味な農業ビジョンが推進されているからではなく、それに反対する思想が皆無だからである。

農薬が登場した１９５０年代、普及した１９６０年代（年間百数十人の百姓が散布中に死んだ）には、農薬の反対運動は起きなかった。それが起きたのは１９６０年代末であったことを、つい思い浮かべてしまう。スマート農業の反対運動も、あと20年待たないといけないのだろうか。私はスマート農業は、農薬、遺伝子組み換え技術などよりもはるかに危険だと感じる。

資本主義が百姓の身体の真髄に達するばかりではない。農業そのものから、百姓の一番大事なものが追放され、放棄され、死滅させられるからだ。そのことに気づく「学」も「思想」も、この日本という国には見あたらないのはなぜだろうか。

このままいくと、小農の定義は「スマート農業に背を向けている遅れた百姓の生き方」であると言われることになるだろう。それは決して悪い定義ではない。むしろ、そう呼ばれる日が早く来ることを私は願っている。もっともみずから「小農」の一翼だと自任している百姓は、スマート農業にも反スマート農業にも関心を示さないだろう。これが困りものだ。スマート農業と小農の間に吹くすきま風を感じさせる「小農学」が必要な理由がここにある。

## 「あちら側の学」とはなにか

### 既成の学や思想との区別

誤解がないように、百姓から生まれる学や思想を「こちら側の学・思想」と呼び、既成の学や思想は「あちら側の学・思想」と区別しておく。もっとも普通に学・思想と呼ばれるものは、「あちら側」から生まれたものだ。すきま風が吹く場所は、百姓とあちら側の学・思想の間の空間というか、空洞であるから、まずは「あちら側の学・思想」を検討してみる。「あちら側の学」も捨てたものではない。歴史学者・酒井直樹の言いぶんに耳を傾けよう。「社会的現実への怒りや反発から人は学問に赴き、そうした怒りを欠いた学問の業績は痛切な問題意識を欠いていることが多くほとんどの場合読むに値しない」（『死産される日本語・日本人』新曜社）。私は深く共感し、怒りにもう一つ「哀しみ」をつけ加えたい。私なりに言いかえるなら、「学」にするということは、現実世界を深く抱きしめていくために、この手を広げて差し込み、しっかりつかむ力を方法化するためなんだ。これはこちら側の学にも当てはまる。

ここがとても大切だ。すぐれた学（学者）はすべて、私的動機に基づいていて、個性的であることがその証明だ。「学は普遍的なもの」などという言葉に惑わされてはならない。だからこそ、私と学の間のすきま風を意識するのだ（図5―1）。

このすきま風が吹いている空間は、学から見ると「空洞」であるが、ほとんどの学者には見えない。空洞を見えなくするのが「学」だからである。百姓から見ると、空洞はよく見えるが、そんなもの意識する必要がないから、語ってこなかっただけだ。数

図 5-1　人間と学の間の空洞（すきま）

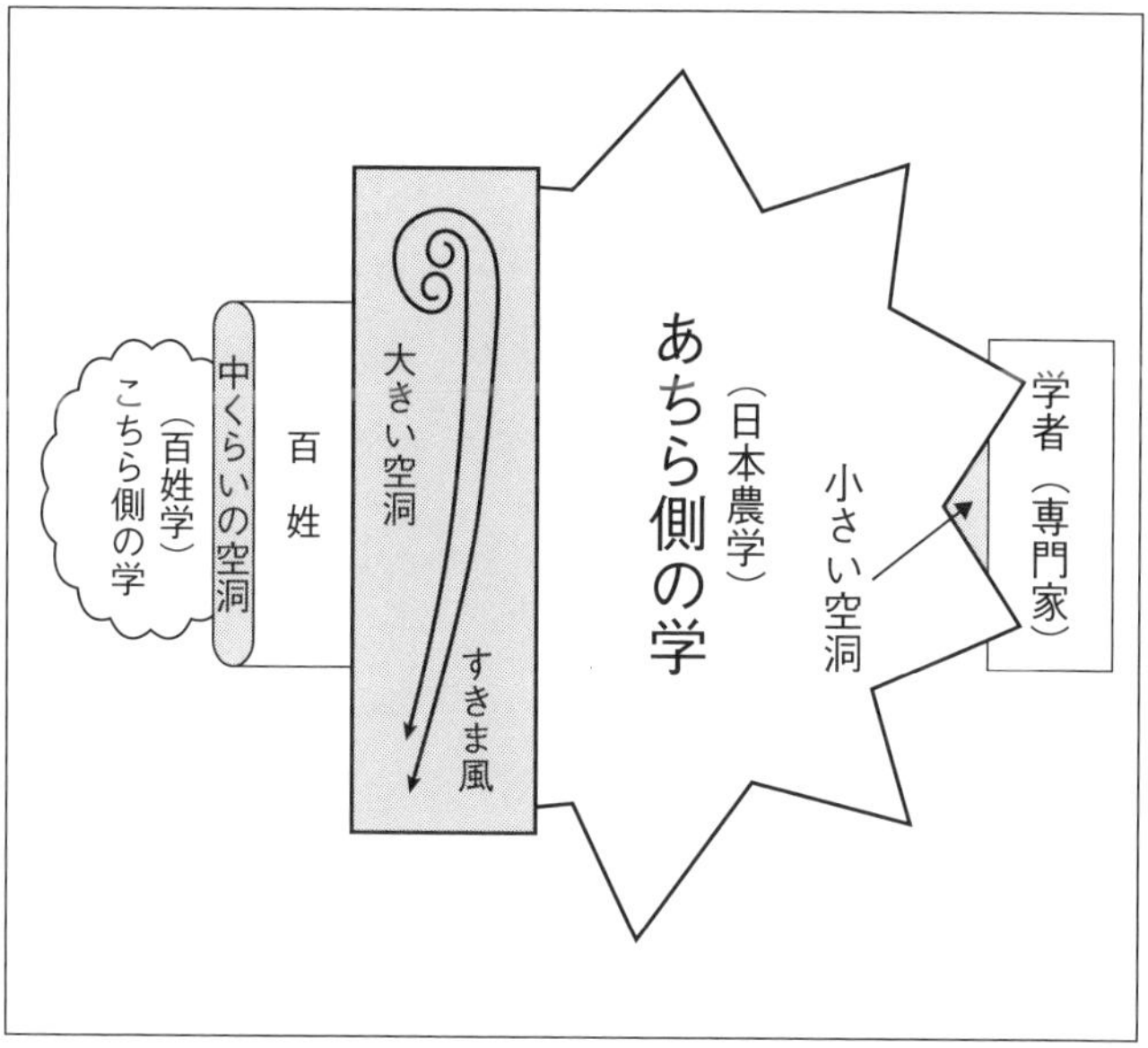


少ない例外は、山下惣一の「なぜ農業には専門家が百姓以外にいるのか」という指摘であった。この場合の「専門家」こそが学の先兵であった。

さて、ここからが問題だ。そのすきま風が吹く空洞を見えないようにするために、多くの学はうまい方法を編み出した。いや、言い方が逆転している。その空洞を意識しないですむ方法こそが学を発展されてきた、と言うべきだろうか。

それは、対象と私の関係を問わないようにすればいい。相手を（作物や自然や社会を）対象化して、科学的に分析することによって、「私」が消え、相手は客観的、合理的、普遍的に表現できるというわけだ。いやー、これはすごい発見であり、すごい方法である。学の主流になるはずだ（この方法はなんと17世紀のデカルトまで遡るそうだから、筋金入りだ）。

## 外からのまなざしの横行

じつはスマート農業に反対する私の論が、この方法（罠）にはまりそうになっていたことを報告するのが、この文章の核心となることを、あらかじめ予告しておく。つまり学が生み出す成果は「情報」というかたちで、この空洞を埋めている。

その「情報」の危険性は、百姓を資本主義のシステムに取り込むことにあるのではない。もっと深く危険な罠が仕組まれている。それは学者も知らないうちに、学そのものに含まれているものだ。それを明らかにしたい。

こちら側の学の構想は『百姓学宣言』（農文協、2011年）で明らかにした。その内容を、数行にまとめるなら、日本農学があきれるほどに外からのまなざしで、相手を対象化するのにたいして、「百姓学」は内からのまなざしを土台にして、内からのまなざしと外からのまなざしを出会わせるんだ、というものだ。

内からのまなざしと無縁なところでつくられる「学」が横行している現代にあって、こちら側の学はこうした危機感の上に、こうした怒りと哀しみの上に問題意識を持って建築されなければならない、という提起であった。ただ、その当時は学と私の間の空洞を描ききれなかった。

## 空洞への気づき、その発端

この空洞に気づくきっかけは、「スマート農業」によってもたらされた。そこで、2300年前の『荘子』から説明を始めよう。一人の百姓が井戸に降りては甕に水を汲んで、畑に水をやっている。それを見ていた孔子の弟子が声をかける。「はねつるべを使えば、100倍も効率が上がりますよ」。百姓は「そういう機械を使うと〝機心〟（機械に頼る心）が生じる。機心が生じると作物の気持ちがわからなくなるから使わないのだ」と答える。孔子の弟子は返す言葉もなかった。

それから数百年経って、荘子の弟子たちは上の物語りに続きをつけ加える。

孔子の弟子はこの話を孔子に「すごい百姓がいたものです」と報告する。すると孔子は「その程度で感心するな。機械を使っていても〝機心〟が生じないのが、さらなる高みなんだ」と諭す。

しかし、機械を使っていても〝機心〟を生じさせないのは、老荘の「道」でも簡単ではない。

この難題は、江戸時代から昭和前半の百姓によって、簡単に解決される。

機械もろとも百姓仕事に没入して、「我を忘れる」境地になればいいのである。

しかし、話はここで終わらない。戦後の近代化技術はこの百姓の知恵では対応できなくなってくる。さらに、スマート農業になると、この〝機心〟の存在そのものが、問われることもない。

この「機心」によって失われるものは、農業技術を百姓が使いこなすときの核心である「感性・情愛・勘・経験・思い・生き甲斐・矜持」である。それが、農学と百姓の間の空洞のなかに消えてしまっている。

じつは、この空洞を埋める当事者は百姓であり、学は手を出さない、手が出せない問題だと考えられてきた。これはじつに奇妙な言い分である。「機心」が生じるような技術を開発してきたのに、当の「機心」の克服には関与せずという態度は無責任だろう。これがあちら側の学の体質なのだ。

荘子の言う「機心」とは、百姓ですらこの空洞に気づかないようになる、つまり機械（資材）によって、人間そのものが変質していくことを指摘していたのである。人間は技術を使いこなしているのではない。技術によって、変えられていくのだ。人間とはそんなに強いものではない。

## 「スマート農業」の仕組みと罠

### スマート農業導入の危惧

簡単に「スマート農業」を紹介してみる。スマート農業を導入する危惧は次のようなものである。次の**図5─2**の「仕事」に着目する。

⑴作物を「A:見る・観察する」ことも、センサーに肩代わりされ、作物への情愛が失われていくのではないか。作物へのまなざしが合理的な、数値化さ

**図5-2　スマート農業の構造**

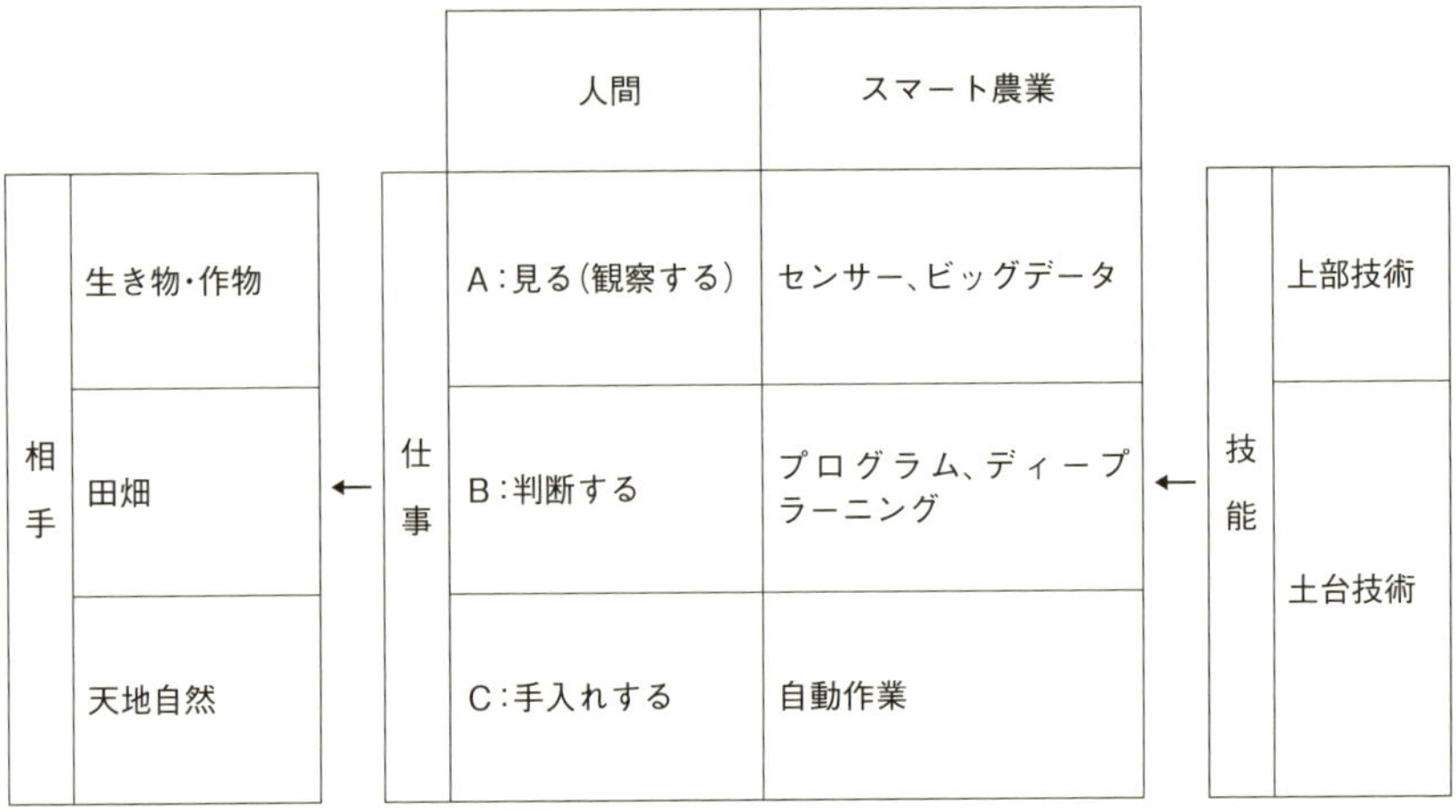


注：宇根作図

れやすい測定だけに偏ってしまい、百姓の経験の知が薄っぺらになっていくのではないか。

　さらにビッグデータ、ディープラーニングの活用で、これまでの近代化技術があくまでも手段の機械化であったのに比べて、百姓の「B：判断する」ことまで肩代わりされ、奪われるのではないか。

⑵そして、これまでは機械はあくまでも百姓の手足の延長で、身体の一部であったのに、「C：手入れ」までもロボットがおこなうようになり、無人の田畑が生まれることは、もっと大きな世界が失われていくのではないか。

　たとえば、時も、我すらも忘れて百姓仕事に没頭し、気がつくと天地自然に包まれていたと気づくような百姓ならではの境地が失われ、農の工業化に歯止めをかけられずに、「農の本質」が破壊されるのではないか。こうなると、いよいよ百姓の仕事や暮らしや天地自然を、人間の幸せや生きがいではなく、外から指標化できる尺度で分析し、収量や生産性ばかりで評価する時流にあらがえなくなるのではないか。

(3)スマート農業が国を挙げて推進される政治状況は、これらの技術思想の受容が結果的には強制され、スマート農業に頼らずに百姓していく道を求める思想の形成が立ち後れてしまうのではないか。かつて有機農業や減農薬運動が、農薬がすっかり普及して20年後、その弊害が明らかになってから、やっと生まれたことへの痛恨を再び味わうことになるのではないか。

## 危惧は杞憂か

ところが、私の危惧は杞憂だという人が多い。

先進的なセンサーもコンピューターも、あくまでも百姓の手足の延長であって、百姓の経験知や観察力を凌駕するようなレベルには、まだまだほど遠い、という。

また、国が主導するスマート農業も「熟練農家の経験知をどのようにとり入れるか」で立ち往生しているぐらいだから、初心者向きの技術ではそこそこ活用できるが、高度な技術では、百姓の経験に裏打ちされた観察と判断は不可欠だ、という。

たしかに現状の技術レベルではそうかもしれない。しかし、先日もこの世界の先駆者、星岳彦先生の講演を聴講したら「ＩＣＴを使うことは、たぶん人間を阿呆にすると思います」という発言が心に深く残った。

## 科学の落とし穴とは

スマート農業は、とうとう農業にも訪れた技術革新の精華だと吹聴されている。しかしこれまでも、科学技術が農業の明るい未来を切り開くという期待は、ある意味では虚妄だったのかもしれない。

スマート農業を推進する理由は、「農業も経済成長しなくてはダメですから」と露骨に説明されると、驚くしかない。しかし、推進者を批判するのは、木を見て森を見ない愚を犯す。彼らを、そして私たちをも動かしている背後の思想に目を向けよう。

(1)科学が発達すれば、ほとんどの経験は解析できて、科学の言葉で記述できる、というのはそもそも無理である。

「夏ウンカは肥やしになる」という百姓の経験は、要防除密度では説明できないし、感じて、言葉にしている世界が別であることに、私は減農薬運動のなかで気づいてしまった。そもそも事例や試験結果を数多く集めれば、要防除密度が決められるという発想が虚妄である。なぜならそこには、百姓という人間主体がないからだ。

(2)科学哲学者の野家啓一《のえ》の言葉を引く。「優れた科学者は見慣れた対象の中に、他の誰もが観察できなかった事実を、新しい理論的仮説の光を当てることによって、観察することができる。この意味で、観察を行うことと理論を形成することとは、切り離せない表裏一体の事柄なのである」(『「実証主義」の興亡』2001年)

私たちはものを見るときに、ある一つの理論に従ってものを見ているとは思わないが、それは意識しないだけで、知らないうちに一つの見方にはまってしまっている。その代表が「科学的な見方」である。科学的な見方で見る必要のないものもいっぱいある。人生は科学で支えられているわけではない。なによりも百姓仕事に没頭しているときは、科学など、まして経済性など眼中になくなるのが人間だろう。たしかに、科学的な見方は、自分すらも外側から見る見方を提示してくれる。いわゆる客観的で、合理的で、普遍的かもしれないが、これも一つの見方に過ぎないことを忘れさせてくれるのがすごいし、それゆえに危険だ。

(3)科学ではとらえることができない別の世界に足をつけて生きているのに、日常会話はそういう世界の会話がほとんどなのに、「公式」に農の世界を語るときには、なぜ第三者的な、客観的な、合理的な、普遍的なものの言い方が圧倒的に多いのだろうか。百姓ですらも、農を語るときの表現(物語り)が貧しくなっている原因の一つは「科学」にあることはまちがいない。こちら側の学は、科学を超えた語り(表現)を取り戻さなくてはならない。

# 「自然主義」に冒されてきている農学と農業

## 自然現象と自然科学

スマート農業を推進している人たちは、自分たちがいつの間にか「自然主義」に冒されているとは自覚していないだろう。ここが問題なのだが、そもそも「自然主義」とはなにか、を説明しておかなければならない。

多くの日本人は「自然主義」と聞くと、田山花袋などの「自然主義文学」を思い起こすだろう。これはフランスのゾラがクロード・ベルナールの『実験医学序説』の影響を受けて、自然科学の方法にならって小説を描こうとした文学運動だったが、日本ではこの「自然」をnatureの意ではなく、「自然な」「自然に」という伝来の日本語の意味だと誤解したことで、西洋とは違ったものになってしまった。本来の「自然主義」とは、文字どおりnaturalismであり、野家啓一の説明では、次のようになる。

「自然主義とは、究極的にはいかなるものも自然科学に特有の方法で説明できる、とする。その矛先は倫理や価値の領域までおよんでおり、世の中には自然主義で説明できない価値はないとまでいう人もいる」

私たち日本人に理解しにくいのは、「自然主義は、対象を自然化して、解明しようとする」と言うときの「自然化」という言葉である。「自然化」とは、「自然科学にとって、これまで未知の領域であった生命、意識、価値などを物質的自然へ還元し、それを科学的説明の対象としようとする動向のことである。実際、自然科学から排除されていた心的現象もまた、現代では実験心理学、認知科学、脳科学、情報科学などによって自然化が推し進められている」。

つまり、こういうことではないか。私たちには自然現象は、それこそ「自然な」ことであり、「自然に」

生成しているのであり、それを貫く法則を人知でつかめるとは思っていない。自然は生が横溢しており、生々流転しており、受け身で引き受けるのが日本人の自然観の核心であった。ところが、自然科学というものは、この自然現象のなかには法則性があり、それを解明することが可能であるという見通しができたから成立したのである。むしろ、すべてを自然現象と見ることが科学的なことだと言うのである。

したがって、胆汁が肝臓から分泌されるように、心や思想や価値観は脳から生まれる自然現象であると見るなら、私たちの心も、やがて自然科学（脳科学）で解明できるというわけだ。そしてそれをAIに組み込んで、ロボットに装着させて、百姓仕事をさせれば、理想のスマート農業が完成する。

百姓の仕事は、食事中もときどきモニター画面に目をやり、機械の異常のときの対処と、始業・終業のときの点検と、経営管理に集中できるそうだ。私は疑問に思う。本当に人間の振る舞いも含めて、すべての現象を「自然化」できるのかどうか。自然現象と見ることができるのかどうか。仮に「自然化」できたなら、例の空洞がむしろ広がるのではないか。

## 環境との相互交渉

野家啓一は次のように言っている。

「現代においてコンピュータが人間像を描くモデルとされていること自体には問題はない。おそらく問題は、このモデルが情報処理の機能を脳にのみ求め、人間をも含めて動物が身体的存在であることを忘れている点にある。人間は身体を通じて絶えず環境と相互交渉を行っている」

私たち百姓はこの相互交渉のなかで、身体で喜びと疲れを感じ、そして相手の稲や蛙に話しかける。けっして、脳内に映っている稲や蛙に話しかけたりはしない。野家の言葉を借りるなら、「われわれは意識のスクリーンを通して対象と向き合っているのではなく、対象の傍らにじかに居合わせているのである」。

スマート農業では、ドローンが撮影した画像で、作物の生育を判断し、施肥や防除を決定し、作業もドローンがおこなう。百姓は指示された薬剤を計って積み込むという下請け作業をおこない、ドローンが処理した映像をモニターで見て、納得する、というわけだ。これは、農の本質（倫理と言ってもいい）を根底から破壊することになるのではないのか。

若い頃の私にとって輝いていた武谷三男の有名な技術の定義が、いよいよ色あせて見える。

「技術とは生産（実践）過程における、科学的な（合理的な）法則性の意識的適応である」

この定義のどこが（少なくとも農業にとっては）、間違っているのだろうか。

(1)「科学的な法則性」では、自然環境の一部しか、一側面しかとらえることはできない。

(2)農業技術では、技術の行使者の経験や思いによって、技術は簡単に変容する。

(3)技術はその時代の社会の価値観を無意識に体現してしまう。

スマート農業の技術にたいして、この定義が無力なのは、あえて言い切ってしまえば、この定義こそ「自然主義」の典型ではなかったろうか。私たちは（農学は）、これからの未来を開く新しい技術論をまだ手にしていない。こちら側の学がないからだ。

# スマート農業の問題の所在

## 技術論と科学論の不足

「スマート農業」のどこに問題の所在があり、あちら側の学の手に負えないのだろうか。

(1)百姓仕事は技術に分解できる、置き換えることができる、という前提に立つ（148頁の図5―2のABCのように）。つまり、百姓仕事のなかの生産に直結する手段を抜き出して、科学的に数値化・機械化・科学化できる部分を「技術（上部技術）」として、研究・開発できるとする。これまでの近代化技術は、これでうまくいったと総括されている。

そんなことはない。

(2)人間以外の手段で、仕事を数値化、機械化、科学化することを、極限まで追究しようとしている。人間は田畑に降り立つことなく、直接手を下さずに営まれる農業をめざし、それをよしとする。

(3)それは、生産性をさらに上げるために、そして農業の担い手不足を、機械やコンピューターで補うための決定打だといわれている。素朴なまでの農業の工業化路線である。

私がもっとも危ぶむのは、スマート農業を推し進める政策の土台にある「技術にたいする考え方(技術論)」と「科学にたいする姿勢(科学論)」を議論する機会と場が、圧倒的にこの国の農業界と農学界には少ないことだ。あまりにも現状追認、あるいは現状改良に傾きがちなのだ。

人間や生き物の「生」をとらえるためには、自然科学だけでは不可能であり、もっと適している方法がいくらでもあるはずだ。そういう「学」(思想)の全容を明らかにして、一人一人がもっとまなざしを広げ、射程を遠い過去から遠い未来まで延ばしたい。つまり、自前の「科学論」と「学問論」を、あちら側の学とこちら側の学との協働で、つくりあげていきたい。

## 自然観、生命観を組み込む

スマート農業の論議は、否が応でも「経験」と「科学」の再会を準備せざるをえない、というように持っていくしかない。百姓仕事は食料を生産しているだけでなく、その人の天地自然観や生命観(物語り)を育んでいる。

この天地自然観と生命観を、技術に組み込むためにはどうしたらいいのだろうか。そういう問いを浮上させるために利用するのだ。

スマート農業は国家を挙げて推進されるのだから、私たちにできることは、二つである。

まず、どういう場面で、どういう段階で、こうした技術(スマート農業)を拒否すべきかを明らかにすること。有機農業が農薬が普及し終わった20年後

虫見板を使うと田んぼの世界がよくわかる

に出てきたような愚は繰り返すべきではない。

次に、受け入れるにしても、スマート農業によって、なにが失われていくか、それをどう補っていけばいいか、を明らかにすべきである。かつて農薬が百姓の判断力を養成することなく普及したために、やっと30年後に虫見板による「減農薬稲作」が生まれざるをえなかった痛恨を繰り返さないためだ。

## 百姓仕事への影響を考える

### スマート農業への処方

さて、ここからは、スマート農業をどう迎え撃ったらいいのか、具体的な処方を考えてみよう。「スマート農業なんかやるつもりはない」と考えている百姓も、ぜひともこちら側の学のトレーニングだと思って、つきあってほしい。

問題の核心はスマート農業の機器の中身にはない。それらの機器によって、百姓仕事が豊かになるか、それとも破壊・喪失につながるか、である。それは「農の本質」をあぶり出すことになる。

**見る（観察する）**

⑴百姓は「A：見る（観察する）」ことを、目だけでおこなっているのではない。耳も鼻も手足の触感も、そして肌で感じることも重要だ。しかし、これらの結果をかならずしも表現しない。自分で感じているので、他人に伝える必要がないからだ。ここに弱みがあるのかもしれない。伝えないといけないときに（表現を求められたときに）うまく表現できないことが多い。仮にできたとしても、「夏ウンカは肥やしになる」では、数値化できていないので、他の田んぼで検証ができない。

これにたいして、スマート農業は人間には感知できない対象のセンサーを搭載しているし（温度、湿度、日射量、光度、窒素含量、二酸化炭素濃度、葉緑素量など）、誰にでもわかるように数値化して見せてくれる。しかし、人間の五感にはおよばない事項も多い。そもそも人間は、常に過去の経験を呼び起こしながら、比較判断しながら、さらに「見る」ことが続けられる。しかし「たしかに便利だ」と思わざるをえないセンサーもあるからこそ、導入も進んでいるわけだ。

**〈対応〉** センサーはあくまでも百姓の五感・身体感覚の延長でしかない、と思い定める。つまり常に、自分の感覚とセンサーの数値をつきあわせる新しい「仕事」を欠かしてはならない。「それでは省力にならないではないか」という反論には「決して省いてはならない仕事があると言おう。これを省くと、私の人生の土台が崩壊する。愛する相手と遠く隔たった土地におろうと、気持ちが届くのは、いくら機器を使用していても（使用していなくても）、伝えたい、伝わってくるという気持ちに浸る時間があるからだ。まして農では、〝相手〟がそこにいるのだから」と言おう。

**判断する**

⑵百姓はどういう手入れをしたらいいかの「B：

判断する」を、自分の価値観や農業観・自然観、また仕事観や在所への情愛、そして経営感覚など総員しておこなってきた。また、現在の状況（データ）だけでなく、過去の経験も呼び起こしながら、判断している。さらに意識的な世界だけでなく、無意識も判断に影響を与えている。

この判断こそ、多様で多彩なもので、通常はマニュアル化できないものだった。それをも、ビッグデータをディープラーニングで処理しようとしている。たしかに当面は使いものにならないＡＩが多いだろうが、「百姓の参画」で深化（進化）していくようになるかもしれない。

**〈対応〉**百姓の参画とは、百姓の「経験の知」をＡＩに組み込もうとする場面で要請されるだろう。それには応じてもいい。しかし、あくまでも「経験の知」は、その在所で、その百姓にしか通用しないものを含んでいる。それを切り捨てようとするなら、「参画」ではなく、「利用」されているにすぎない。もし、機器のＡＩの判断に百姓が参画できないシステムならば、「未熟」だと考えるべきだ。センサー以上に、百姓の判断と比較しなくてはならないぶん、壁は厚いはずだ。

## 手入れする

⑶そして「Ｃ：手入れする」だ。これまでも機械化はずいぶん進んだ。農薬や化学肥料や化学的な資材もずいぶん普及した。そのたびに、「生産性」（費用対効果）などはかなり検討されてきたが、それが百姓の⑴「見る」⑵「判断する」仕事の能力にどのように影響するかは、まったくというほど考察されてこなかった。ここにきて、そのツケが回ってきている。したがってこう言われている。「これまでもちゃんと人力は省力化されてきたのだから、今さら〝無人化〟を批判するのはおかしい」と。

**〈対応〉**まったくの無人化は避けたい。かならず百姓が立ち会うこと、いっしょに仕事をすることが大切だ。当初は作業機械を「指導」せざるをえないだろう。そのうちに、それなりの作業はできるようになるだろう。それからが問題だ。「農家の子どもが、学校の授業やイベントで、生まれて初めて田植えを経験する」という愚かな事態を避けることと同様の対応が求められる。

## 他人事ではない

細切れになってしまったあちら側の農学では、スマート農業は単なる技術の一分野のことだと思っている人が多い。

これらの先端技術が農の本質を脅かしているという認識は、決して杞憂ではない。そういう感度を持ちたいと思うのは、百姓は資本主義経済（市場経済）に乗せられない、カネにならないモノやコトをいっぱい天地自然から引き出してきたのに、それを人間が言葉にする（物語る）こと自体まで、不可能にする技術（機械システム）を目の前にして、農学の対応が遅れていると痛感するからだ。

たとえば機械に「仕事が終わった」という達成感は生まれるだろうか。あるいは「これで作物が喜んでいる」という情愛は蓄積されていくだろうか。無理だとすれば、やはり百姓が味わうしかない。そのための方策をスマート農業の推進者は形成する覚悟があるのだろうか。これまでのあちら側の学のように「それは百姓が考えることだ」と逃げるわけにはいかない。百姓がそこ（田畑）にいないのだから。

もし機械にそれも学ばせることが可能だと考えるなら、事態はさらに深刻になる。百姓は精神や情愛、天地自然観、パトリオティズム（愛国心）まで機械に譲り渡すことになる。まさか、そういう事態になんの異議申し立てもしない農学にはならないだろう。なるか。

最後にもう一つ検討しておかなければならないことがある。スマート農業を拒絶して農業を営む道のことである。そういう農業は「遅れている」という烙印を押されるかもしれない。あるいは例によって、趣味的な農業、道楽農業とあからさまに差別されるかもしれない。

農薬使用や遺伝子組み換え作物に反対している人

たちも、スマート農業に反対しようとするきざしはまったく見られない。それを論難しようとは思わないが、ひょっとすると有機農業以上に孤立無援の道が待っているかもしれない。そうならないように、反スマート農業のほうが本道であることを、こちら側の学はしっかり理論化していきたいものだ。

ところが、話はここで終わらないのだ。

## 私も気づかなかった罠とはなんだったのか

### 図式からこぼれ落ちるもの

２０１９年2月に上京した折に、山手線の車中モニター広告が目に入って、びっくりした。ＯＬが通勤途中で目についた野の花を、スマホで撮影して送信すると、名前をディープラーニングで答えてくれるのだ。つい「これは使えるな」と思った。現に農業分野でも、写真による病害虫の同定と診断のためのソフト開発が進行中である。

**難題１**

スマホで当人が撮影して「名前を知りたい」「防除すべきかな」と思って、同定・診断ソフトに頼るのは、これまでの技術の延長にある。しかし「便利になったなあ。もう図鑑はいらないな」と感心している場合だろうか。なにかを失おうとしているのに、私たちはそれに気づかないようになっているのではないか。

**難題２**

しかも、この技術はさらに「進歩する」のは必定だ。現にドローンで田んぼの上から稲を撮影して、施肥を判断する技術は普及に移されている。ＯＬが腰に着けたカメラで道端の野の花を撮影しながら通勤し、会社に着いたら、モニター画面で、「こんな花が咲いてたんだ」と初めて確認するならば「いちいち、道端の草花に目を向ける労力が省けて助かった」と思うだろうか。

私は、冗談を言っているのではない。スマート農業では、こういう事態を実現しようとしているのだ。写真を撮影し、名前を同定すること自体が目的ではなく、まなざしを向けること自体が目的というか、楽しみではなかったのか。これを農学はなんと呼んできたのだろうか。どのように位置づけたり、価値づけたりしてきたのだろうか。

## 難題3

ここまで考えてきて、これまでの私の論考は、完全にスマート農業を進める側と同じ土俵に上がってしまっていることに気づいて愕然とした。あちら側の学ならそれでもいいのだろうが、私はこちら側の「百姓学」を提唱している身なのだ。

仕事を、A：見る（観察する）、B：判断する、C：手入れする、と区分けしたこと自体が、近代技術の枠組みに入り込んでしまっている。つまり、機械じゃあるまいし、百姓は、A：見る（観察する）ことは、B：判断することにつながり、さらにC：手入れすることに直結する、という図式で仕事をしているわけではない。それなのに、A→B→Cという流れに収まるものだけを拾い上げていることは、とても偏向している。いつの間にかこの流れからこぼれ落ちるものがあることにすら気づかなくなる。ここにこそ、スマート農業の最大の欠陥があることに、これまでの私は十分に気づいていなかった。

## 恵みを受け取る喜び

A：見ることは、それだけでも意味と価値があることなのだ。楽しいことなのだ。悩ましいことなのだ。それなのに、B：判断するための前段だ、というのはまるで機械ではないか。しかも目だけで見ているのではない。身体全体で、五感で感じている。

B：判断することだって、見ていなくても、ふと思い出して、ああしよう、なんとなくこうしようと決めることはよくあることだ。

C：手入れすることは、対象との関係に没入し、

わが家の掛け干しの稲

我すらも忘れることは珍しくない。無意識に身体が動くばかりか、田畑や稲が呼んでいるから、そこに行って手入れをすることも多い。

さらに、これらをA、B、Cと分解してしまうと、総合することを忘れてしまう。「機心」などは見つからなくなるし、それを超える道は想像すらできない（分解することが無駄だと言っているのではない）。

だからこそ、ＡＢＣの総合は「収穫物で評価すればいい」という言い分になびいてしまう。ＡＢＣの総合とはなんだろうか。それが「百姓仕事」あるいは「百姓の人生」というものではないか。それは、天地有情の感慨であり、天地の恵みを受け取る喜びであり、「今日も仕事がはかどった」という充実感であろう。ここでは「機心」もすぐ見つかるし「機心」を抱かずにすむ方法もすぐ見つかる。

じつは荘子の「機心」の核心とは、このことであったと、やっと私は目覚めたわけなのだ。まったく恥ずかしい。

## 学の空洞と役割

さて、やっとたどり着いた。最初に指摘した学の空洞とは、技術に関していえば、ＡＢＣと分ける発想法につきまとう罠（欠陥）なのだ。いわゆる科学的なあちら側の学の思考法なのだ。大森荘蔵の言葉を借りれば、科学は対象（生き物である相手）をいつのまにか「死物化」するのだ。そして、じつはこういう私まで、ついこの空洞をつくり出すことに加担していたのだった。

こちら側の学は、仕事をＡＢＣと分解すること自体を否定はしないが、ＡＢＣそれぞれに仕事として独立していること、それなのにＡＢＣは常に身体のなかで（心のなかで）一体化していることを理論化していくのだ。

私たち百姓は小農といえども、近代化によって、機心を植えつけられてきたことは否定できない。機心によって変わったものと、変わらずに持ち続けているものを明らかにするのが、こちら側の学の役割なのである。私は山手線ＣＭのＯＬに感謝しなければならない。そして反面教師としてのスマート農業にも。

〈注釈〉

私はすでに「小農学概論」の大半をまとめており、その中心となる第7章、および序章の一部を「小農」（第2号、小農学会、2018年）に発表ずみである。

本書では「小農学概論」の序説を収録したが、全体像を知っていただくためにも「もくじ」の章構成を参考までに掲載しておきたい。なお、これは私の「小農学」であってスタンダードなものにするつもりはなく、小農学の一例としてとらえていただきたい。

序　章　誰のための農学か
第1章　小農の世界
第2章　時代を問う
第3章　百姓はどう見られているか
第4章　百姓仕事の世界
第5章　国家を問う
第6章　なりわいとしての小農
第7章　農の精神性
第8章　運動としての小農

第6章

# 小農と農村の再生
## ～南九州の一隅から～

霧島生活農学校・農業
萬田 正治

田植え。ヤギも見守る

# 大学を早期退職して

## 農村消滅の危機

還暦の60の歳、私は農村再生の課題を人生最後の宿題として、大学を早期退職し鹿児島県の里山に移り住んだ。農村に移り住んですでに16年の歳月が経った。農村に住んでの私の印象は以下のとおりである。

1 赤ちゃんの泣き声がしない
2 家畜の声もしない、庭先に鶏がいない
3 魚釣りやトンボを追う少年の姿を見ない、戸外で遊ぶ子どもがいない
4 お年寄り・一人暮らしが多い
5 お葬式が多い
6 廃屋が増えた
7 依然として農薬・除草剤は多用されている
8 周辺の生き物は減っている（鳥・蝶・虫・魚など）、これでグリーンツーリズムといえるのか
9 伝統芸能や文化財の保護も困難となってきている
10 都会に出た子どもたちは帰ってこない

村のお年寄りのことについて、もう少し述べてみたい。私は集落のお年寄りの後ろ姿を道端で目にすることがある。農具を背負って歩く姿に思いを寄せる。この人にも子どもや孫がいるのであろう。子どもや孫の幸せを願い、都会に出て行ったことを認めているのであろう。本当はいっしょに暮らしたいのに……。猫の額のような小さな田畑で採れた野菜や米を宅急便で子どもや孫の住む都会へせっせと送っているのであろう。

そして静かに旅立ちの準備をしている。後を継ぐ者はなく、その住みかは廃屋になろうとしている。

このままでは農村の7割を占める中山間地の農村社会が消滅する。都市に近い平野部に一部の施設型の大規模農家と企業農業経営が残るのみである（自

然界遮断の植物工場・家畜工場化)。

しかし、それは世界の富裕層をねらった輸出型農業であり、わが国の食料自給率はさらに低下し、超食料輸入大国となる。つまり、わが国は第二次と第三次産業が主体の国となり、一部の第一次産業としての農業は残っても農村は消える。

## 日々の暮らし

喧騒な都会を去り、静かな山里に移り住んで早くも16年目の正月を迎えた。12年前、妻は病に伏し入院闘病中のため一人暮らしとなった。

わが家からは霧島連峰を遠望することができる。朝起きると居間の障子を開けて、韓国岳《からくにだけ》に昇る朝日を拝むのが日課となった。今日も太陽の恵みを受けて生きることにそっと手を合わせ感謝する。

お天道様のおかげで、地球上の生き物すべてが生きているというごくあたりまえの真理を、頭では常に理解していながら、現役時代の多忙な都会生活では、つい忘れがちであったように思う。

農業を営む私の日々は、「太陽とともに起き、太陽とともに眠る」平凡な暮らしの繰り返しである。朝、東の空に昇る太陽を拝んだ後、洗顔し、野鳥の声を聞きながら鶏、合鴨、ヤギなどの家畜の世話をして一日が始まる。

朝食を終えた後、新聞を読み、お茶を飲みながら今日一日の農作業を考える。その日の天候により、作業内容は弾力的に変化する。つまりその日の農作業は太陽の照り具合で決まるのだ。

憧れていた晴耕雨読もままならない。夕方、日の沈む頃まで働いた後、母屋に上がって風呂に入り、一日の汗を流す。働いた後の夕食の晩酌がことのほかうまい。

## 私の農の営みと合鴨農法

私の日々の農の営みは、約1・5町歩の棚田で、水稲と畜産の複合経営（循環型農業）であり、無農薬の合鴨米、鶏卵、鶏肉、合鴨肉が主な収入源である。草刈り用にヤギも7頭飼っている。

草刈り用にヤギを飼っている

家畜の餌も残飯や米ぬかを主体に麹菌を用いて発酵飼料をつくっている。輸入穀物は極力使わないようにしているが、トウモロコシなど一部は海外飼料に依存している。もちろん鶏たちも自由に放し飼いし、工場卵ではなく自然卵をいただいている。

農薬や除草剤は農家の農作業を楽にするとしても、人の命と自然環境を守る視点からいえば、けっしていいものではないと、若き頃から考え、無農薬の農業をめざしてやってきた私にとって、合鴨との出会いは画期的であった。

それまでは有機農業をめざす人たちにとって、田んぼでの除草作業は過酷であり、除草剤だけは使わせていただくという減（低）農薬運動が定着していたのである。それを打ち破ったのが水鳥の合鴨であった。

私は合鴨農法に夢中になり、その科学的裏づけのためにがんばり、古野隆雄さんとともに研究し、その普及活動に奔走した。合鴨農法は単なる除草法ではなく、水田における有畜複合経営として位置づけ、

有畜複合経営の中核を担う合鴨

今日までがんばってきた。ゆえに萬田農園の棚田においても、合鴨農法を基軸に農を営んでいる。

## 農業は衰退しても農はなお健在だが・・・・

### 私の暮らす村は今

私の住む地域は網掛川に挟まれた水田と山の上の台地に開かれた畑に囲まれた里山である。果樹、茶、花卉、肉用牛、養鶏、酪農経営の専業農家を除けば、多くは家族経営の兼業や小さな農家ばかりだ。

霧島地域の最北西端に位置する私の集落は51世帯、久しく赤ちゃんの泣き声もしない。一人暮らしの年寄りが増え、足腰も弱まり、田んぼを放棄する人が増えている。私の家のまわりは一人暮らしのお年寄りと廃屋3軒に囲まれている。

地元小学校も年々子どもが減り、複式学級となり廃校のうわさが絶えない。このように村の先行きは暗くなる一方だ。戦後の市場経済のなかで、政府は産業としての農業政策オンリーで推し進めてきた。

しかし、人は農村から都市へと大移動するばかりで、過疎の農村と過密の都市に二極分解した。村の小学校は廃校となり、集落は消滅し、農村は寂れていくばかり。

## 小さな直売所を開設

思い切って地域の人々とともに、補助金なしで自前の小さな農林産物直売所「きらく館」を立ち上げた。いつまで続くかとささやかれたが、設立14年経っても脈々と生き続けており、お年寄りや小さな農家を守る店として定着したのである。

店の隅に設けられたお茶コーナーはいつも笑い声が絶えない。物を売るよりも交流の場としての店であることにみんなが気づき始めたのである。ついこの間もお茶コーナーで、「この店はもうけなくてもいい、トントンでいいのだよ」としゃべりまくるおばちゃんたちの元気な声が響いてきた。

車の免許証を返上した一人暮らしのお年寄りに、ある日、直売所「きらく館」が弁当を自宅まで届けたところ、涙を流して喜んだという話を聞いた私は病床の妻とも相談し、運搬のための小型の電気自動車を思い切って寄贈した。無料販売車「きらく号」の誕生である。このようにして直売所「きらく館」は、まさしく弱い立場にある人々を守る地域の店なのである。

## 村を守るための共同作業

農産物のグローバル化に向けて、攻めの農業と称して、ますます規模拡大と企業化で政府は乗りきろうとしているが、大農や企業農業のみで村の共同作業で維持されている農村社会を守れるだろうか。農業が発展すれば農村も発展するとする、相変わらずの画一的な農業政策はあっても村は守れない。

農村は一つの共同体社会である。村を守るためにたくさんの共同作業がある。私の集落を例にとれば次のような共同作業が年間をとおしておこなわれている。

- 道路の草刈り・清掃　年2回
- 土手の焼き払い　年1回
- 山林の下草払い　年1回
- 公園の草刈り・清掃　年2回
- ゴミの回収　週2回
- 消防隊
- 共同墓地の草刈り・清掃　年3回
- 葬式　随時

このような共同作業を大規模・企業農業が村に進出してきても、これのみで維持することはできない。また、農村の社会は多様な人々で構成されている。役場に勤める人、農協に勤める人、地場産業に勤める人、都会勤務の人、農的暮らしの人、芸術家その他の多様な人たちで構成されているのだ。

大規模農家・企業は村に進出しても採算がとれなければ出ていくのみ。なぜならその村に責任もなく愛着もないからだ。ゆえに現政府の進める農業政策のみでは農村社会は消滅するのである。つまり農業政策はあっても農村政策は見えてこない。

村をよく見れば、「農」の視点は今も脈々として生き続けている。農家の圧倒的多数派は家族の暮らしを守る小規模農家や兼業農家（小農）だ。

村では役場、農協、地場産業で働く人たちであり、先祖伝来の小さな農地で食を自給し、隣近所で分け合い、都会で働く子ども、孫、縁故者、知人たちにも宅急便で送っている。村では「農業」は衰退しても「農」はなお健在なのだ。

## 戦後の日本農業の衰退

### 食料輸出大国アメリカ

高校時代の歴史の先生が、「歴史は過去を学ぶのではなく、未来を展望するために学ぶのだ」と言った言葉が頭に焼きついている。混迷をきわめるわが国の農業と農村問題もまずは過去を遡って学ぶことが肝要だ。

戦後の農業・農村への強い向かい風はどこから吹いてきたのか。それはアメリカからである。

第一次世界大戦が勃発したのは１９１４~18年、戦場はヨーロッパ、中東、東アジア、アフリカ、インド洋であった。第二次世界大戦は１９３９~45年、戦場はヨーロッパ、アジア、ロシアであり、アメリカ大陸は一度も戦場にならなかった。この間アメリカはミシシッピー流域を穀倉地帯として開墾し、それを輸出し、食料輸出大国となり、外貨を稼いだ。しかし、第二次大戦後どの国も平和に向かい食料増産に入ったためアメリカの農産物は余り、余剰農産物の処理が大きな課題となった。

## 余剰農産物の処理

そこでアメリカはＰＬ４８０法（余剰農産物処理法）を制定した。その内容は次のとおり。
１　アメリカ農産物をドルでなく、その国の通貨で購入でき、その代金は後払いでよい
２　その国が受け入れた農産物を民間に売却した代金（見返り資金）の一部はアメリカと協議のうえ経済復興に使える
３　見返り資金の一部はアメリカ農産物の宣伝、市場開拓費として使える
４　アメリカ農産物の貧困層への援助、災害救済援助および学校給食への無償贈与も可能
戦後復興をめざすものの財政難であった日本政府は、この法案に飛びつき総額６００億円の余剰農産物を受け入れる。アメリカはこれを軍事戦略と結びつけ、いわゆる軍事・食料戦略を打ち立てた。

## ＭＳＡ協定を締結

日本の食料増産の打ち切りを要請し、昭和29年には日米相互防衛協定（ＭＳＡ協定）を締結する。

この協定に基づいて、
①日本はアメリカの余剰農産物を円で買う
②受け取った円でアメリカは日本への防衛援助
③和食から洋食への大転換→余剰小麦の処理

④日本の子どもたちを標的→学校給食の援助、パンと牛乳、キッチンカー大作戦、アメリカ援助12台

といった内容で推し進めてきた。

その結果、わが国の米消費は減り、米の生産は減少の一途をたどった。次にねらったのが、余剰トウモロコシの処理である。つまり日本の食生活はアメリカのねらいどおりパン食となったので、その副食である畜産物の拡大のため、昭和40年代からは余剰トウモロコシの処理として畜産が標的となった。

関税ゼロの下に安い飼料原料であるトウモロコシ、マイロ（穀実用モロコシの一種）、ライ麦、糖蜜、脱脂粉乳、砂糖などが大量輸入され、輸入飼料依存型の畜産ができあがる。

## 日本側の事情もあった

しかし、一方では日本側の事情もあったのである。すなわちアメリカの強い向かい風に日本側の向かい風が乗ったということだ。

戦後のわが国の経済復興は工業立国をめざしたのである。工業製品を輸出するには安価な工業製品で世界のなかで競わなければならなかった。

そのためには働く人を安い労賃で雇う必要があった。それには安い食料でなければならず、そのためには安い輸入食料に頼るしかなかった。このようにして米日の経済的利害が一致し、戦後の工業優先の産業構造が確立したわけである。

さらにその向かい風に乗ったのが昭和36年に制定された農業基本法である。当時、農業基本法は日本農業を守るのか滅ぼすのかで、国論はまっ二つに分かれたが、強行採決で国会を通過し制定された。その結果どうなったのかは、その後の歴史的経過を見れば明らかである。

まず食料自給率はカロリーベースで70％から37％（2018年度）に激減した。産業就業人口に占める第次一産業の割合は昭和35年の55・5％から平成22年の5・5％に急減した。国内総生産額に占める第一次産業の割合は約1％に激減し、ほとんどマイ

ナーな産業に没落した。人は農村から都市へと大移動し、農村人口も急減し、高齢者ばかりの集落となり、消滅の一途をたどっている。

そして現在、グローバル経済化のなかで、アメリカを除くＴＰＰ（環太平洋連携協定）が締結され、今や日本の農業は風前の灯火になろうとしている。トランプ大統領になったアメリカも本音むき出しで、今、ＴＰＰ以上の外圧をかけてきている。農業関係団体はＴＰＰ反対の姿勢を打ち出しているが、今一つ説得力がない。それは反対するだけで対案がないからである。

## 小規模・兼業農家が農村社会を守っている

### 産業農業と生活農業

不十分ではあるが私なりの対案を出してみる。歴史的経緯に立てば、日本農業の再生は対米従属から抜け出すことと工業立国オンリーを改めることにある。これなくして日本農業と農村の展望は出てこない。しかし、これはきわめて至難のこと。

私は40代後半の頃から、水田で稲と合鴨を同時に育てる合鴨農法の研究に没頭した。合鴨たちは田んぼのなかの雑草や害虫を食べ、しかも排泄する糞は稲の肥料となり、無農薬・無化学肥料による米づくりが初めて実現したのである。

この農法の普及のため全国合鴨フォーラムを組織した。フォーラムではいつも笑い声が絶えず、明るく農を楽しむ全国の農家と学習交流を深めていくなかで、じつは農業には二つの側面があることに私は気づくようになってきた。

それは⑴産業としての農業（産業農業）と⑵暮らしとしての農（生活農業）があることだ。戦後の農業政策は産業としての農業、すなわち産業農業の発展のみを是として一面的にとらえて専業農家育成を掲げて推進してきたのではないか。

しかしながら、今現在でも農家の多くは兼業農家が主流なのである（2018年農林業センサスで約67％）。農家の多くは家族を養うため、小さな農地を守って他産業で働くかたちで生き延びている。戦後の農政への抵抗と知恵の証しが小さな農家と兼業農家の存在だ。そしてこのような小規模農家と兼業農家が農村社会を形づくり守ってきている。

## 小農は家族労働が主体

農業経済・経営学会では以前に小農の定義がなされている。それによると小農とは「規模の大小を問わず家族労働を主体とする経営」とされている。これに対置されるのが企業経営であり、農業の担い手は、このいずれであるかをめぐって戦後長く論争されてきた。利潤追求よりも暮らしを守る家族経営農業こそが村を守るのではないかと、私は長年考え続けてきた。

なぜならば小農の視点こそが、国土（資源）を有効に循環的に活用し、食料自給率の向上をはかり、食の安全性・安定性を保障し、農業の低コスト化をはかり、自然環境を保護することになるのである。そして農村の人口減少を食い止め、都市との調和を実質的に推進していくことになるのではないか。

産業としての農業（産業農業）と暮らしとしての農（生活農業）を複眼的にとらえ、農村政策を掲げることが大切である。

## ささやかな追い風

鼻を敏感にして風をとらえてみれば、日本の農業と農村にはささやかな追い風が吹き始めている。

1　国内農業を見直す気運が高まっている
2　異常な食料自給率の低さに気づきはじめた人たちが増えている
3　すでに有機農業推進法が制定され、市民権を得ている
4　就農・農的暮らし・定年帰農者が増えている
5　かつての農への軽蔑ではなく若者が農に憧れを感じ始めている
6　地産地消、産直、小さな直売所が市民権を持

ち始めている。→新たな流通の始まりである
7　国会でも小さい農家や兼業農家の言葉が飛び交うようになってきた
8　国連でも2018年12月、小農権利宣言が採択され、世界的潮流となってきた
このささやかな追い風を敏感にとらえる人々が、グローバル経済を推し進めるTTPを吹き飛ばし、次への農業と農村再生の道を切り開いていくのではないだろうか。

## 小農学会を立ち上げる

このようななか、私は農民作家の山下惣一さんとともに、4年前の2015年秋、思い切って小農学会なるものを立ち上げた。小農が大同団結し、元気を出し、社会的発言力を増すための、小農の小農による小農のための学会である。

学会としたのは、既存の学者集団の学会が私たち農家を真に守る学会とはかならずしもいえないため、農家を守る学会をみずからの手で立ち上げようと思ったからだ。立ち上げてみたら予想以上の反響があった。参考まで小農学会の設立趣意書をほぼ原文のまま次に紹介する。

## 小農学会の設立趣意書

〈20世紀は二つの世界大戦や内紛など、繰り返される戦争と紛争、一方では人間による地球環境を破壊していく世紀であった。21世紀こそ平穏でありたいと、すべての人々は願ったはずであるが、21世紀を迎えても宗教的対立や政治的反目に基づく紛争や戦争など新たな殺戮が繰り返され、人心も乱れて寧日の得られない状況である。我が国もまた戦争の出来る国へと変容した。さらに地球環境も益々悪化し、世界は混迷の一途をたどっている。

戦後の我が国は豊かな生活を求めて、経済大国として焼け跡から復興したが、その過程を見れば、第一次産業（農林水産業）から二次（工業）・三次産業（サービス業）へ、農村から都市へと人は大移動し、

過疎の村と過密の都市という状況に二極分解した。

古来より光注ぐ太陽と恵みの雨を巧みに利用して、人は大地を耕し、生き物の命を育み、その命をいただいて生きてきた。今やほとんどの都市生活者は大型スーパーに並ぶ豊富な食材を、第二次、三次産業で得たお金で買い、生き物の命を育み命をいただくという意識は薄れている。

都市文明の下では、農に根差した価値や知識が次第に消滅しつつある今日、農で生きていく者は、何を価値の基準とし、何を拠り所として現在を生きるのか。その答えを出していかなければならない。農の衰退状況を打開するには、これまでの価値観から抜け出し、斬新な発想に立って、自らの生き方と、我が国の進路、とりわけ農業・農村社会の方向性を探求していく必要がある。それには既成の組織やマスメディアの情報のみに依存せず、自らの意志と思考で学習を積み重ね、知恵を磨く努力が今求められている。

貨幣経済が発達し、人は都市に集中し、村の小学校が廃校となり、集落が消滅し農村が寂れていく。にもかかわらず相変わらず農政の流れは、営農種目の単純化・大規模化・企業化の道を推し進めようとする。この方向では就農人口の減少は明らかである。それとは別に、小農として生きていくためには、もう一つの農業の道、すなわち複合化・小規模・家族経営・兼業・農的暮らしなどの道が厳然として存在する。これらのいずれが農村社会の崩壊を押しとどめることができるのであろうか。これを明確にしなければならない。このため、小農としての道を選択する勢力が大同結集し、知恵を磨いて、社会的発言力を高める必要があるのではないか。以上の趣旨で「小農学会」の設立を提案する。〉

## 国連の小農権利宣言

世界の動向を見ても小農を再評価する動きがあ

る。そもそも国連は小規模な家族農業経営こそ世界の食料危機と環境破壊を守るとして、２０１４年を国際家族農業年と定めたのである。

さらに２０１８年12月には国連総会で「小農と農村で働く人びとの権利に関する国連宣言（小農権利宣言）」を採択した。また、２０１９年から10年間を「家族農業の10年」と定めた。このように小農の再評価は国際的潮流でもあるのだ。それでも日本政府は国連の採択に棄権し、消極的な態度を取り続けている。

## 小農をめぐる歴史と新しい定義

### かつて大農か小農かの論争も

日本で小農を最初に取り上げた人は、じつは思いも寄らない民俗学者の柳田国男のようだ。１９１０年（明治43）に『時代ト農政』という書物のなかで、小地主自作農、すなわちこれを地持《ちじ》小農といい、資力のない小農は外国との競争のなかではもっとも敗北しやすき者と言明している。そして小農を取り続ける唯一の道は、小農の産業組合化をはかるべきと提唱した。

４年後の１９１４年（大正３）に東大で開催された社会政策学会第８回大会のなかで、大農か小農かが大論争となり、東京大学農学部教授の横井時敬が小農を援護する立場で論陣を張った。とくに横井博士は「小作即ち水飲み百姓」をも小農の一部としてとらえ、これを保護の対象とすべきと主張した。

戦後、昭和22年、対日占領政策を実施するＧＨＱ（連合国総司令部）の指揮下で農地改革が断行され、小作農が廃止され、日本の農家は小地主自作農となった。そして昭和36年に制定された農業基本法により、小農から大農へ、大規模化と専業、あるいは企業化の政策が明確となった。

農業経済・経営学者の間では、小農を「比較的小さい面積で家族労働を主体とする農業」として定義づけ、家族経営の小農と企業化をめぐる論争が繰り返された。そのなかで東北大学の吉田寛一先生は有畜複合家族経営を提唱し論陣を張った研究者だ。まさに小農を支持した研究者である。私は当時、東北大学大学院に在学し、吉田寛一先生の影響を強く受けて育った。

その後、20世紀後半になると、鳥取大学の津野幸人先生が、地球環境を守る視点からの『小農本論』、山間地農村を守る視点からの『小さい農業を』を出版した。

また、その後、守田志郎の『小農はなぜ強いか』、そして最近に至っては、山下惣一の『市民皆農』、『小農救国論』が矢継ぎ早に出版され、小農の価値を再評価する論陣が張られてきた。

## 小農の新しい定義

さて、高度経済成長を遂げた現代の日本において、小農とはなにか、改めて新しい位置づけと定義が必要と考えている。

それは小農を、これまでの既存の小農（兼業農家を含む）を基軸としながら、これのみに限定せず、農的暮らし、田舎暮らし、菜園家族、定年帰農、市民農園・体験農園、半農半Xなどで取り組む都市生活者なども含めた階層をも包み込んで新しい小農と定義づけたい（もちろん、これからさらに小農の定義や多様で多彩な経営、技術などのあり方について議論を深めていく必要がある）。そしてこのような新しい人たちも加わって新しい村が再生していくものと思う。

戦後、わが国は産業を第一次、第二次、第三次産業の三つに分化して発展し、大部分の人が第二次と第三次産業に従事するようになった。しかし、これからの社会は第二次、第三次産業に従事する人々も、小農としてなんらかのかたちで第一次産業にかかわる時代を迎えるのではないか。これが私の考える次の新しい社会であり、また中間山地農村の再生の道筋でもある。

小農の小農による小農のための「霧島生活農学校」の発足

## 新しい農学校を立ち上げる

### 小農を育てる霧島生活農学校

これまで私塾としてやってきた竹子《たかぜ》農塾を、発展的に解消し、２０１８年3月に霧島生活農学校を立ち上げた。もちろん既存の農学校（農業高校、県立農大、大学農学部など）とは一味違うものであり、小農を育てる学校であり、食と農を統合した学校でもある。

霧島生活農学校の教育目標は、

1　命を育み、その命をいただくという農の本質を貫く（食と農の教育）

2　自然との共生をめざす（地球自然環境の一員）

3　人間との共生をめざす（市場原理・競争のみではない）

4　有畜複合の農をめざす（循環型農業）

5 湿潤気候のアジア型農業をめざす
6 利他の心を持つ志の高い人を育てる
とした。

〈教育コースとして〉
1 学生コース
定員5～10名　在学1年　寄宿舎生活
授業料月4万円（教材・食費等）
日中：地域農家で実習
夜間：理論学習
2 研修生コース
定員なし　自由参加型
3 会員制コース

研修生などによる田植え（田植え祭）

稲を掛け干しで天日乾燥

食農一体のカフェをオープン

会費　年間3000円
4　田主コース
田の主となり米づくりを実践
5　他教育機関連携コース
大学などの教育機関と連携し実習教育の5コースを設けた。

学生は徐々に増え、現在82名の学生が在籍し、研鑽に励んでいる。

萬田正治氏

## 納屋糀カフェのオープン

2019年の春、納屋を改装して待望の「合鴨の里―納屋糀カフェ」をオープンした。私の農園でとれた農産物を料理、加工し、ランチやお菓子として客に提供する。まさに念願であった食農一体のカフェである。名実ともに小農の六次化産業といってよい。

カフェの店主は私の萬田農園の助手を務める若き女性である。彼女は管理栄養士でもあり、食の安全性や麹菌による食品の開発（東洋の食文化）を大切にしてきている。人気メニューは合鴨づくしの「合鴨ランチ」、「合鴨カレー」、「合鴨タコライス」である。同時にカフェ入り口に展示販売した合鴨米、合鴨肉、鶏卵もよく売れている。これこそカフェとの相乗効果である。

しかもこのカフェは霧島生活農学校の教室も兼ねており、集まる人々の地域交流の場ともなってきている。週末だけの開店だが、口コミで訪れる客も多く、小農としての収入も増えつつある。これからの小農をめざす一つの具体的な経営モデルとして紹介したしだいである。

この竹子（鹿児島県霧島市）の里山で、私は真に自立する新しい小農としての具体的な道筋を切り開くとともに、農学校として人材養成に取り組み、農村再生を探究する決意でいる。

# あとがき

世界の農業のほとんどが家族で営む「家族農業」である。これはなぜか?を考えてみた。ちなみにその割合は日本が97・6%、EU96・2%、米国98・7%(EUは2013年、ほかは2015年)である。

＊

さて、その家族とは現在どのような形態なのかという問題はあるが、まあ、一般家庭だということで考えてみよう。

①まず農業の規模が家族でおこなうのに適しているということがいえる。なにしろ世界の農業の73%が1ha以下、2ha以下では85%にもなるのだ。

②基本的に一家の食を賄う生業《なりわい》であり、その地で暮らしていくことを目的としている。土地を所有するということは、その土地に縛りつけられるということでもある。これは定住であり、代々そこに住み続けることによって故郷になり、それが国の土台を形成している。カネが不足すれば他へ稼ぎに行って賄う。

③「家族農業」では年寄りや子どもの労働力が活かされる。私たちが育った戦後は、農家ではどんな小さな子どもでも年齢と能力に応じた役割があった。

わが家では私が5年生になった年、父が「総領が一人前になったから葉タバコの栽培を始める」と宣言した。江戸時代には男子は15歳で元服して大人の仲間入りをしたという。数え歳だろうから満年齢では13歳か14歳だ。この年齢で大人になったわけだが、小学5年生の私は11歳。だから「大人」ではないが「一人前」なのだ。

かくして子どもたちにそれぞれの役割が与えられ鶏の餌やり、ヤギの乳しぼり、風呂焚き、妹は炊事、洗濯、掃除。とりわけ年寄りの働きは貴重だった。つまり、家族の総力戦なのだ。これが家族農業の強みなのだ。

④これが一番大きいのだろうが、農業は収穫してみなければどれだけ穫れるかがわからない。お天気さま任せの仕事なのだ。不作や逆に豊作貧乏になればたちまち困窮する。だから規模を大きくせず、専門特化をせず、地道に暮らしてきた。経営ではなく生業だから倒産はなく、よほどのことがないかぎり農家の破産はない。

＊

「国連2014年　国際家族農業年」の日本語版『家族農業が世界の未来を拓く』が伝えてくれるのは、世界じゅうの農業がそうである事実である。

子どもたちは、年齢と体力に応じて仕事を分担することで人間として成長していき、老人たちは動ける間は家族の役に立つことで生きがいと安堵を得る。昔から年寄りと同居して育つ子はやさしいといわれてきた。国連が「家族農業年」をさらに「家族農業の10年　2019―2028」として10年間延長するということは、それだけ家族の役割を重視し、期待を込めているためだろう。

FAO（国連食糧農業機関、本部ローマ）は途上国の農業発展と飢餓の撲滅を目的に1945年に設立された。しかし対象となる地域や国々はこれまでアメリカの余剰農産物のはけ口とされ、世界銀行やＩＭＦ（国際通貨基金）」の資金と抱き合わせの開発援助などでＦＡＯは本来の役割と任務を十分に果たせなかったといわれている。

「それゆえに２０１９年からの〝国際家族農業年の10年〟はＦＡＯの決死の巻き返しだから単なるスローガンで終わらせてはならない」という声もある。

＊

さて、本書は国連の取り組みに呼応、連動して「小農学会」のメンバーが分担して執筆したものである。「小農学会」設立を提案したとき、私はパロディで「大日本小農学会」にしたかったが、さすがにこれは否決された。２０１５年に60名で発足した会は現在、九州を主体に２５０名ぐらい（２０１９年3月）になっているという。

徒党を組んで、なにかをやろうというのではない。小さな農業に自信を持つための学習を重ね、百姓として心豊かに生きる。これが83歳になった私の見果てぬ夢である。

最後になったが、出版の労をとってくださった創森社の相場博也さん、さらに編集関係の方々に心からお礼申し上げます。

２０１９（令和元年）年 10月

小農学会 共同代表　山下 惣一

## 「小農学会」入会の案内

小農学会へは研究者、農家に限らず、週末ファーマー、体験農園の参加者、産直で農家と提携を結んでいる消費者、半農半Xを実践されている方など、農に関心のある方ならどなたでもご入会いただけます。年会費は3000円です（入会金はいただいていません）。

会員の皆様には学会誌をお届けするとともに、総会やシンポジウム、現地研修会のお知らせのほか、随時、活動の報告などもさしあげます。

活動の報告や連絡事項のほか、メディアの記事や会員による論文などを学会のメーリングリストで逐次お知らせしていきます。メールアドレスをお持ちの方は、ご入会のさいにお知らせください。

梅村幸平

**◎お申し込み方法**

「小農学会」事務局へ、次の項目を郵便ハガキ、メールでお知らせいただき、左記の「ゆうちょ銀行」に年会費をお振り込みください。

①お名前　②フリガナ　③ご住所（郵便番号も）④電話番号　⑤メールアドレス（お持ちの場合）

**◎年会費のお振り込み先**

ゆうちょ銀行
17880―32058051
シヨウノウガツカイ
（他の金融機関からは、ゆうちょ銀行七八八店普通3205805　シヨウノウガツカイ）

**「小農学会」事務局**
〒812―0053
福岡市東区箱崎7丁目19―1―403
メールアドレス　shounou2015@gmail.com

## ◆執筆者紹介・本文執筆分担一覧

五十音順、敬称略（＊印は監修者）
p. は執筆分担頁数

**宇根 豊**（うね ゆたか）
農と自然の研究所代表、農業（福岡県糸島市）、小農学会世話人　p.141 ～

**門田信一**（かどた しんいち）
農業（鹿児島県姶良市）、小農学会事務局　p.184

**徳野貞雄**（とくの さだお）
トクノスクール・農村研究所代表、熊本大学名誉教授、小農学会副代表　p.53 ～

**橋口孝久**（はしぐち たかひさ）
橋口農園代表（鹿児島市）、鹿児島伝統作物保存研究会副会長、小農学会会員 p.124 ～

**福永大悟**（ふくなが だいご）
全国合鴨水稲会代表世話人、福永農園代表（鹿児島市）、小農学会会員　p.110 ～

**古野隆雄**（ふるの たかお）
合鴨家族古野農場代表（福岡県桂川町）、小農学会世話人　p.80 ～

**松平尚也**（まつだいら なおや）
耕し歌ふぁーむ主宰、農業（京都市）、京都大学農学研究科博士後期課程、AM ネット代表、小農学会会員　p.27 ～

**萬田正治**（まんだ まさはる）＊
霧島生活農学校代表、鹿児島大学名誉教授、農業（鹿児島県霧島市）、小農学会共同代表　p.1 ～、p.163 ～

**八尋幸隆**（やひろ ゆきたか）
むすび庵庵主、農業（福岡県筑紫野市）、小農学会副代表　p.95 ～

**山下惣一**（やました そういち）＊
作家、アジア農民交流センター（AFEC）共同代表、農業（佐賀県唐津市）、小農学会共同代表　p.9 ～、p.181 ～

## 小農学会

これまで農業・農村の礎となってきた小農の位置づけ、役割を見直し、その必要性、可能性を多角的に探って発信するため、2015年11月29日設立、発足。小農学会には農家、研究者、学者、教員、新聞記者などのジャーナリスト、消費者はもとより週末ファーマー、体験農園・市民農園の参加者、半農半Xの実践者など農を担ったり農にかかわったりする方々が入会している（入会案内は184頁）。2022年８月現在で、会員数約200名、共同代表は置かず、副代表２名、世話人８名。総会、シンポジウム、研修会などの活動案内があり、学会誌「小農」が届けられる。活動内容の詳細は、ホームページ「小農学会」から検索を。


**小農学会事務局**

〒812-0053　福岡市東区箱崎７丁目19-1-403

メール：shounou2015@gmail.com

実った稲穂に止まる赤トンボ

●


デザイン――――塩原陽子

ビレッジ・ハウス

写真協力――――日本国際ボランティアセンター

FAO 駐日連絡事務所

天明伸浩　髙橋 孝　中島亮一

讃井ゆかり　片柳義春　ほか

イラスト――――宍田利孝

校正――――吉田 仁

監修者——**萬田正治**（まんだ　まさはる）

霧島生活農学校代表、農業（鹿児島県霧島市）、小農学会前共同代表。

1942年、佐賀県鳥栖市生まれ。福岡県北九州市で育つ。鹿児島大学卒業、東北大学大学院博士課程中途退学後、鹿児島大学教授・副学長など経て2003年に早期退職し、就農。小農の小農による小農のための学校「霧島生活農学校」を発足させる。鹿児島大学名誉教授、全国合鴨水稲会世話人、全国山羊ネットワーク世話人などを務める。

著書に『最新畜産学』（共著、朝倉書店）、『新特産シリーズ　ヤギ』（農文協）、『わが家でつくる合鴨料理』（共著、農文協）、『農的生活のすすめ』（共著、南方新社）など。

**山下惣一**（やました　そういち）

作家、農業（佐賀県唐津市）、小農学会前共同代表。

1936年、佐賀県唐津市生まれ。農業に従事するかたわら、小説、エッセイ、ルポルタージュなどの文筆活動を続ける。1970年、『海鳴り』で第13回日本農民文学賞、1979年、『減反神社』で地上文学賞受賞（直木賞候補）。国内外の農の現場を精力的に歩き、食・農をめぐる問題などへの直言、箴言を放つ。アジア農民交流センター（AFEC）共同代表などを務める。

著書に『農家の父より息子へ』（家の光協会）、『土と日本人』（NHK出版）、『市民皆農』『農は輝ける』（ともに共著、創森社）、『小農救国論』『身土不二の探究』『農の明日へ』（創森社）など多数。

新《あたら》しい小農《しょうのう》～その歩《あゆ》み・営《いとな》み・強《つよ》み～

2019年11月1日　第1刷発行
2022年8月23日　第2刷発行

監　修　者——萬田正治《まんだまさはる》　山下惣一《やましたそういち》

編　著　者——小農学会《しょうのうがっかい》

発　行　者——相場博也

発　行　所——株式会社 創森社

〒162-0805 東京都新宿区矢来町96-4

TEL 03-5228-2270　FAX 03-5228-2410

組　　版——有限会社 天龍社

印刷製本——中央精版印刷株式会社

 ISBN978-4-88340-337-0 C0061